U0155378

数字化逆向建模设计
与3D打印实用教程

何 超 朱少甫 王 琨 编著

化学工业出版社

·北京·

内容简介

本书基于 Geomagic 系列软件详细介绍了数字化逆向建模设计从数据采集到 3D 打印制作的全流程，主要内容包括：逆向工程技术、数据采集、点云数据处理、模型重构以及 3D 打印数字制造。本书着重讲述关键步骤的原理知识，突出制作方法和技巧，通过由简至难的经典案例详细解析制作过程，同时融合行业技能比赛往届赛题解析相关内容。

本书着重展示逆向设计与制作的全流程，知识体系完整，内容编排合理，可供广大机械制造、材料成型等相关专业师生及技术人员参考阅读，也可以作为逆向工程师的岗位培训或自学用书，还可作为相关专业的教学用书。

图书在版编目（CIP）数据

数字化逆向建模设计与3D打印实用教程 / 何超，朱少甫，王琨编著. —北京：化学工业出版社，2022.11
ISBN 978-7-122-42231-6

Ⅰ.①数⋯　Ⅱ.①何⋯②朱⋯③王⋯　Ⅲ.①快速成型技术 - 教材　Ⅳ.① TB4

中国版本图书馆 CIP 数据核字（2022）第 171214 号

责任编辑：曾　越　　　　　　　　　　　文字编辑：郑云海　陈小滔
责任校对：张茜越　　　　　　　　　　　装帧设计：王晓宇

出版发行：化学工业出版社（北京市东城区青年湖南街13号　邮政编码100011）
印　　装：天津裕同印刷有限公司
710mm×1000mm　1/16　印张11　字数206千字　2024年6月北京第1版第1次印刷

购书咨询：010-64518888　　　　　　　　售后服务：010-64518899
网　　址：http://www.cip.com.cn
凡购买本书，如有缺损质量问题，本社销售中心负责调换。

定　　价：79.80元　　　　　　　　　　　　　　版权所有　违者必究

逆向工程是集系统性、复杂性、科学性于一体的综合性的系统工程，其中不仅涉及诸多数字工具与技术层面具体应用的硬核知识，也包含经验层面的软性技能，同时对成本与经济的控制也提出了较高的要求，想要真正学会并掌握逆向设计的全部内容，不是专业学习并有五年以上工作经验的人，恐怕很难做到。

随着现代科技的快速发展，计算机辅助设计与制造技术（CAD/CAE/CAM）已逐渐成为数字化工业生产得力的制造工具，为应对如今市场发展与变化的迅猛节奏，生产者必须做到速度更快、成本更低、质量更好，以满足市场对于产品的高品质要求。逆向工程技术应运而生，无疑为产品的研发效率大幅度提升创造了机会。

随着在航空航天、汽车制造、生物医疗、建筑装饰、工艺美术等领域的不断发展与深化，逆向工程技术逐渐形成了一套相对完善的造物流程。无论是从业者，还是即将走向工作岗位的学生群体，都需要对相关知识与技能进行深入学习，真正理解并掌握相关操作技法，在实际工作中灵活应用，为企业快速研发新产品的同时，创造出更多价值。

（1）撰写目的

本书主要从初学者的角度出发，结合实际工作的需要，直击核心必备技能，按照操作流程与功能模块进行划分，全面地介绍了从"三维扫描"到"数据处理"，再到"模型重构"与"3D打印快速成型"的知识。

本书不单单介绍了软件建模命令和操作，更将逆向工程设计思路融入其中，希望读者在阅读学习中领会。

（2）本书构架

本书将从逆向工程"是什么""有什么""为什么"与"怎么做"四个维度进行撰写，其主要内容如下。

第1章主要介绍逆向工程的基本定义与工艺流程、行业应用等，使读者对逆向设计与3D打印快速成型技术形成初步认识，为进一步学习和了解具体工具与技能相关的操作夯实基础。

第 2 章主要介绍三维扫描数据采集，包括三维扫描基础知识、数据采集核心技能，并通过案例实操与训练，熟练掌握操作流程。

第 3 章主要阐述数据处理关键技术的原理、应用工具和模型数据处理环节等操作过程，通过案例的制作，手把手引导读者实现模型"点云"处理与三角面片的封装等目标。

第 4 章模型重构是本书逆向工程流程最为核心的章节，介绍已封装成面片的实体模型一步步转化成为最终的数字模型文件的过程，着重强调模型重构软件功能的分类与工具的使用。

第 5 章介绍数字化模型文件快速成型与 3D 打印制造的过程，直击较先进的DFAM 增材制造技术的核心理念与工艺流程，学习 FDM 型 3D 打印造物模块的具体应用，以及通过完整的实例来完成实体造物的全过程。

（3）本书特点

本书着重介绍逆向工程的四个关键步骤，即"数据采集""数据处理""模型重构"和"3D 打印"，因此将对涉及此四大环节的软件、设备工作原理与工作技法进行详解，并配有详细的图例；对于实例操作部分，将同时配备视频教程，通过手机扫描二维码即可观看。

（4）如何阅读

建议读者在阅读本书前优先参阅目录和前言等内容，对于本书的基本知识框架和逆向工程流程所涉及的四大模块进行初步了解。快速构建知识地图可以极大提升学习的效率。

零基础的读者，建议从前往后、按照章节的排列顺序逐一进行学习，优先观看一遍视频教程中的讲解，了解逆向工程相对应模块的知识与方法，再进行软硬件技能与知识点的学习，最后跟随实操案例进行训练，而对于书中操作的图例部分，则仅仅用作重点步骤的提醒，无须过多关注案例中的参数信息。这样学习一来可事先在头脑中建立健全的知识框架，加速整个学习的过程；二来，就算遗忘部分内容，也可以快速查找相对应的内容，重拾记忆。

此外，请初学的读者朋友牢记，逆向工程技术的核心在于理解＋操作＋复盘。仅了解知识而不操作是不可能真正掌握逆向技术的，而案例的训练则需要多次复盘与推敲，这样才能达到熟能生巧的水平。举一反三，多多参与实际训练，甚至给未学过的人分享，能加深对知识的理解与掌握。

而对于已有工作经验的读者，建议关注工作流程与逆向核心模块的学习，特别是"模型重构"环节的软件操作部分。如何利用好软件的升级方案，减少人为因素的干扰，最大程度实现造物自动化，从而提高造物的效率，才是应该掌握的重点。

对于教育工作者来说，可在节选本书实操案例的同时，参看本书中的商业应用案例和关键点评的实操内容，启发学生通过有限的知识与技能等元素，激发造物的想象空间，告诉学生创新的价值，创新造物的基本规则，以及那些从实操中积累的经验。

（5）特别鸣谢

在此要特别感谢那些为本书提供过帮助的人们，毕竟没有他们的建议，仅凭借编著者是无法如此快速完成作品的。在此，由衷感谢他们的帮助，他们是北京太尔时代科技有限公司的秦易和郭峤先生、许治军女士。

最后特别强调，无论多么细致的校对都无法避免本书中存在这样或那样的漏洞与偏差，并且软硬件的更新速度远远大于出版读物的更新速度，书中难免存在疏漏，如发现问题欢迎反馈（微博：超级贝勒何），帮助纠错，以便为更多读者提供专业的服务。

编著者

目录 C O N T E N T S

第**1**章

逆向工程技术

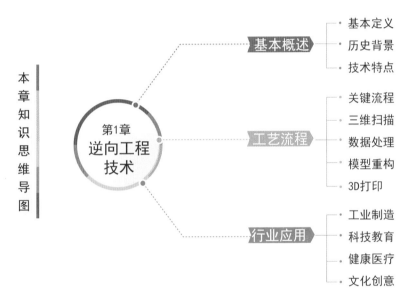

本章知识思维导图

第1章
逆向工程
技术

基本概述
- 基本定义
- 历史背景
- 技术特点

工艺流程
- 关键流程
- 三维扫描
- 数据处理
- 模型重构
- 3D打印

行业应用
- 工业制造
- 科技教育
- 健康医疗
- 文化创意

重点与难点

➡ 逆向工程技术的概念与适用领域
➡ 逆向工程技术的工艺流程
➡ 逆向工程技术的行业应用

1.1 逆向工程技术概述

1.1.1 逆向工程的定义

逆向工程，又称逆向技术或反求技术，是将实物产品进行数字化转型，形成三维数字模型文件，并在此基础上对其进行模拟计算、分析、优化与拓展，并结合现代化、高效率的生产制造工具，重新创造出实物的一系列方法与技术手段。

其实，逆向工程技术的思想，最早可追溯至制造油泥模型的阶段。由于早期计算机辅助设计工具还不足以创建复杂多变的曲面结构，汽车厂、造船厂的设计工程师们只得先使用油泥完成原始模型的塑造，借助固定铆钉位置的方法，通过对金属材质的板材施加力，从而得到特殊曲率的曲面造型，再通过三维测量和三维扫描等数字化技术手段，在三维空间中对其进行数字还原，得到理想的三维数字模型。这种反求曲面的方式，在某种程度上也进一步启发了设计工程师，从而为计算机辅助设计到制造的设计流程的优化及快速获取产品提供了一条全新的思路。逆向工程技术演示如图 1.1 所示。

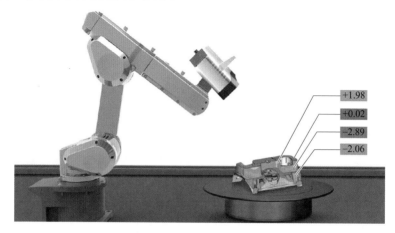

图1.1　逆向工程技术演示

但是，请不要误会，逆向工程技术并非仅局限于对已存在的实物产品进行简单仿制，而是在快速获得原始模型数据的基础上，对其进行实用性和功能性的改造与优化。这需要融合多种学科的知识，如运用工程学、材料学等基础理论，结合大量现代数字工业生产技术的实践经验，更需要高质量的软硬件工具反复进行计算与验证，以及需要专业的工业技术人员进行精准操作，才能够得到更符合市场需求的创新元素，并获得宝贵的产品理念的创新。而只有在全新升级后的生产工艺体系下所得到的产品，才有可能体现出逆向工程技术存在的真正价值。

一句话：逆向工程技术的核心在于创新，而非简单的复制。

1.1.2 逆向工程的历史背景

早在 20 世纪 80 年代末至 90 年代初，逆向工程技术便开始在欧洲的工业界和工程类院校崭露头角。当时，学术界投入了大量的物力和财力，对其进行深入研究，并发表了大量相关科研成果，其目的都是希望在这个领域能够快速抢占世界领先地位，率先获得相关专利，以便在大批量工业化应用阶段能够获取到高额的利润。

而在日本，由于经历了第二次世界大战，日本国民经济遭受到前所未有的重创，国民生计面临着巨大挑战。日本急需通过各种技术手段来快速恢复工业化生产，改变国家与社会的现状。也正因如此，逆向工程技术得以在日本广泛应用与迅速发展。

随着现代科技的突飞猛进，特别是逆向工程数学逻辑运算领域的重大突破，逆向工程技术日趋成熟。逆向工程的技术装备在快速更新迭代的过程中，为商用和民用领域带来更大的效益。

据统计，发展中国家65%以上的技术源自发达国家。凭借着逆向工程技术，他们可以迅速缩短研发新产品的周期，这样将极大减少企业前期研发所投入的时间与精力等成本，大幅提高研发与生产的效率，从而建立起一个良性循环。

1.1.3 逆向工程的技术特点

为了说明逆向工程技术的自身属性与特点，先来了解一下与其相对的概念：正向工程。

所谓"正向工程"或"正向设计"，是指在清晰界定目标消费市场之后，制订一系列产品生产目标，并创建详尽的设计与生产计划，经过多方面产品的思想验证与结构实验后，对所生产产品的每一个零部件进行解构，并应用在设计、制造、检验、生产、装配等复杂而烦琐的生产环节之中，最终产出完整产品的过程。简单来讲，"正向工程"就是从无到有，将产品从想象到实物制造出来。

如今，产品的正向设计流程虽然逐渐完善，但从产品构思到最终实现的过程需要经历相当漫长的时间，同时需要耗费极其高昂的预算成本，甚至需要动用庞大的人力与物力。在市场变化浮动小的时候，这样的制造生产流程，工厂的经济压力尚能够承受，一旦处于市场动荡阶段，大量的产品很可能还未下生产线便"胎死腹中"，这也将会给企业与社会带来巨大的损失。

逆向工程技术的出现与应用普及，在很大程度上缩短了新产品的设计与生产周期，加快了产品迭代的速度，同时极大减少企业新产品研发、制造的成本。大量小批量、按需生产的订单，可以通过三维数字化与3D打印快速成型等技术，在进行模具制造前就可以将样品打样，经客户对实物进行确认之后，再以原型进行大批量生产。这样，极大提升了新产品的成功上市率，非常适合变幻莫测的当代市场。

逆向工程技术通常是利用了光学反求装备，工程设计人员可以轻松得到三维数据模型。光是这一步的优化，就节省了设计师许多时间。此时，刚刚得到的逆向模型数据还并非传统意义上的三维模型，它是由无数个空间点构成的"点云"数据，需要经过三维数据处理软件对其进行优化并封装，成为由"三角面片"构成的数据模型，再经过三维专业逆向软件对该数据模型进行曲面重构，得到可用于生产的数据模型（即 CAD 模型），为加工、制造提供可能。在最后的成型过程中，将依据最终数字模型数据设计机器"刀具"或"喷头"的移动路径，所创造出来的实物也将无限趋近于数字图纸的原型。所以逆向工程技术常常被称作数字化生产制造的延伸或升级。传统工艺生产流程与逆向生产工艺流程对比如图 1.2 所示。

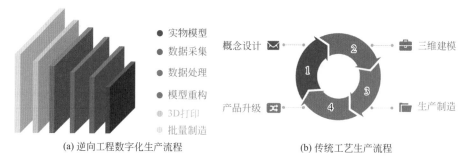

(a) 逆向工程数字化生产流程　　　　　　(b) 传统工艺生产流程

图1.2　传统工艺生产流程与逆向生产工艺流程对比

通过图 1.3 所示的汽车车门的逆向工程操作流程示意图，可以更加直观地展现出逆向生产工艺流程在汽车制造行业中的具体应用。

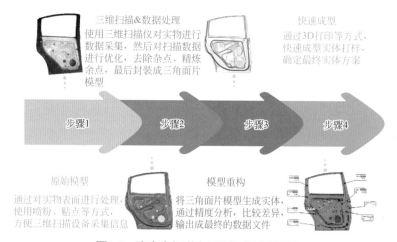

图1.3　汽车车门逆向工程操作流程示意

1.2　工艺流程

1.2.1　逆向工程的关键流程

通常来说，逆向工程技术的关键工作流程主要分为四个阶段，按照流程的先后顺序依次是"三维扫描""数据处理""模型重构"和"快速成型"，如图 1.4 所示。

数字化逆向建模设计与 3D 打印实用教程

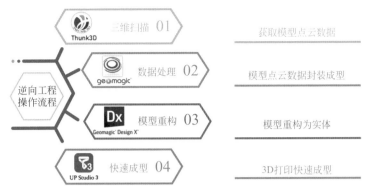

图1.4 逆向工程操作流程展示

1.2.2 三维扫描

逆向工程技术的第一步就是要获取实物模型具体的数据信息，通常此类操作也被称作"三维扫描"。通过三维扫描装备，获得实物模型表面各点的特征值，以及纹理、贴图等代表实物属性的详细信息，再借助相应的三维辅助软件进行反向求解，经计算得到实物模型在三维空间中的位置关系，并以"点云"数据集的形式进行呈现。

三维扫描的整个环节属于逆向工程中最为基础，同时也是非常重要的一环。得到的实体模型数据的完整度与精确程度将直接决定是否能够开展后续的工作，因此需特别引起操作者的关注。

1.2.3 数据处理

刚采集完的"点云"数据无法直接用于CAD/CAE等模型创意设计操作，需要对其进行优化处理。利用三维数据处理软件的算法，将每一个反映实体模型特征的点集逐一优化，删除冗余与杂点，封装成由三角面片构成的模型。整个过程，被称作逆向工程的数据处理环节。

市面上有很多软件可以辅助人们进行"点云"数据处理，很多具备高级算法的大品牌软件，甚至可以直接贯穿整个逆向工程的全部工作流程。但是本书依然采取了划分功能模块来配对使用软件的做法。此处也只使用到了Geomagic Studio软件的数据处理模块作为优化"点云"数据和封装三角面片的工具，原因很简单：这样的操作易上手，且对初学者来说非常省时省力，尤其对于需要参加逆向设计大赛的读者来说，可以节省很多时间和精力。

1.2.4 模型重构

封装后的三维模型尚不属于实体模型数据，还仅仅停留在由三角面片封装在一起的模型的程度，需要进一步完成 CAD 模型重建，才能成为可编辑、可重复使用的文件数据，这就是所谓的模型重构环节。

在模型重构环节，本书依然采用 Geomagic（杰魔）公司有名的逆向工程软件——Geomagic Design X。其强大的自动模块算法功能，完成了原来本应大量人为手工操作的步骤，这就大大减轻了实战中操作者的压力，真正让操作者聚焦在设计与优化的工作上。

1.2.5 快速成型与 3D 打印

重构的实体模型只有进行快速成型后，设计者才能够就打样的实体样品与原实物模型进行比对，通过物理方式进行精度测量与功能优化，在不停的迭代优化过程中，实现最终的量产，否则数字文件与实物成品终究隔着一层纱，无法在现实的工作场景下应用。因此，快速成型就成了逆向工程流程中另外一个重要的环节。

传统的快速成型技术不外乎两种手段，一种属于常规的机械锻造技术，相当于"减材"方式快速成型；另一种则属于 3D 打印技术，类似于"增材"制造的方式。为更快速、便捷与低成本地将数据模型转换成实物模型，本书采用了 3D 打印中的 FDM 技术，且使用了国内自主研发的软硬件套装来实现快速成型。

1.3 行业应用

随着社会分工越来越精细，全球科技的发展也正在以指数级的速度快速增长，逆向工程技术也在不断推陈出新。为满足市场快速变化的需要，以及人们个性化的产品需求，越来越多的行业开始将逆向工程技术纳入其中，并且该技术已经成为工业化生产制造与创新中的关键环节之一。下面将从工业制造、科技教育、健康医疗和文化创意等领域来了解逆向工程技术所带来的重大影响。

1.3.1 工业制造领域

国内航空航天、军工制造、船舶制造与汽车工业等制造业领域发展极其迅猛，对于个性化零配件的需求也越来越多，为适应国内生产制造商对于个性化配件需求增大的变化，逆向工程技术的使用频次正大幅提高。

通常来说，传统的设计与生产工艺面临如下问题：第一，单纯使用传统的方法（如检具、治具、三坐标等）去测量工业零配件十分烦琐且耗时，而且由于工厂设备长期使用而很难有很好的保养，精确性难以保证，需要反复校准与测量；第二，工业配件自身表面存在诸多曲面，内部的卡扣和死角等结构也极为常见，一般很难用传统的测量工具快速、准确获取到三维数字模型，因此需要通过人工手段，分批、分零件进行作业，大大降低了工作效率。

因此，在特种车辆制造车间，经常能够看到技术工程师采用三维扫描仪对汽车进口的原始配件进行数据采集工作，获取高精度的三维数据，并且通过一系列逆向工程技术对其进行逆向建模与快速成型制造，从而提高零配件的二次开发效率，节约优化成本，缩短新产品的开发周期，如图 1.5 所示。

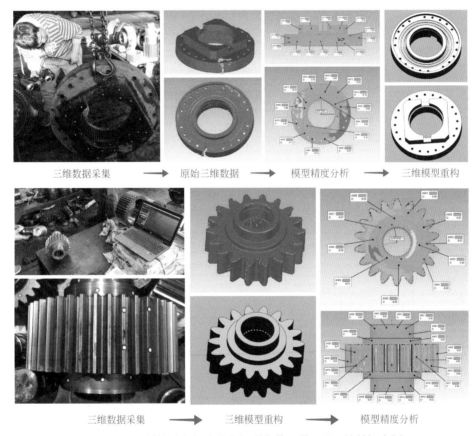

三维数据采集 ➡ 原始三维数据 ➡ 模型精度分析 ➡ 三维模型重构

三维数据采集 ➡ 三维模型重构 ➡ 模型精度分析

图1.5　国内某特种车辆生产车间逆向获取进口零配件数据案例

1.3.2 科技教育领域

随着现代信息化、数字化教育的大力发展，对于学生来说，掌握逆向工程技术就显得越来越重要。了解和学习三维数据获取技术、逆向设计理论和方法，掌握当代设计的武器，可让他们在当前技术进步、并对设计产生重大冲击的浪潮中驾轻就熟，与社会需求和企业需求紧密相连，从而满足现代企业对设计人才的要求。拓宽知识面和知识结构，开发学生的创新思维能力、综合设计能力和解决工程实际问题的能力，有助于他们更好地进行职业规划与职业发展。

此外，出于职业教育和中高等院校教师科研的需要，让教师队伍尽早迈向当代工业设计最新的平台，结合教师自身设计理论的发展，可使教师队伍不断开拓创新，从设计理论到设计方法，都会产生质的飞跃。同时，也能够让教师队伍利用先进的工业设计工具，带领学生团队走在当前工业设计的最前列，更好、更快地设计出具有高水准的设计作品。

1.3.3 健康医疗领域

现代医学存在获取患者身体数据并应用于医疗诊断和治疗的需求。我们熟悉的 X 射线、CT 及磁共振成像（MRI）等技术，就是医生用来获取患者身体内部立体影像的常规方式。而三维扫描技术则可以极为方便地获取人体外部数据信息，通过固定摄像机等方式，便可收录人体扫描部位的 3D 模型、相关尺寸、体积和表面积等数据。这些信息不仅可以用来为患者做深度诊断，还可以输入国家疾病中心数据库，为更多人提供诊断与治疗的个性化订制医疗服务，为工业制药、医疗康复装备的私人订制提供便利。

无痛与安全、非接触和高效精准是现代医学获取人体表面三维数据的三个最主要的关键词。无痛与安全是对患者进行数据采集的首要条件。由于人体表面轮廓复杂且富有弹性，医学三维扫描常常需要患者裸露诊疗部位，这就决定了人体表面三维数据的获取适用非接触式测量方法，同时避免患者间病源的交叉感染。而高效精准则为诊疗服务的必要条件。高效意味着尽量少消耗患者的精力，精准则是指扫描结果的准确性和一致性，如个性化订制的假肢、假体和康复护具等与患者自身特征无缝贴合，如图 1.6 所示。

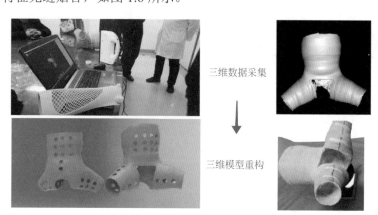

三维数据采集

三维模型重构

图1.6 中国人民解放军总医院先天性髋关节发育不良医学矫正案例

目前，医学临床上借助逆向工程技术治疗扁平足多采用患者订制化矫形鞋垫。矫形鞋垫可恢复人体正常生物力学需要，并能适应足踝部的解剖结构。其在正常足的足弓部位设计的凸起，可以支撑塌陷的足弓。在长期使用中，矫正鞋垫通过为足部提供受力补偿及调整足部受力，对足部压力进行重新分配。可以增大足部受力面积，减轻各部分压强，减缓运动冲击，改善扁平足足部疼痛、内侧肌肉疼痛、腱鞘炎、关节的异常运动，从而预防由于受力异常产生的足部疾病，如图1.7所示。

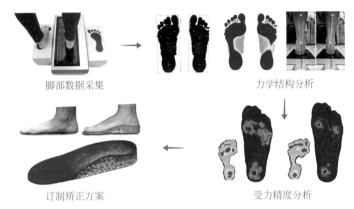

脚部数据采集　　　　　　　　　　　力学结构分析

订制矫正方案　　　　　　　　　　　受力精度分析

图1.7　扁平足矫形鞋垫

1.3.4 文化创意领域

当代艺术品市场需求的风向飘忽不定，经常会跟随热点事件发生改变。因此，对市场需求进行快速反馈，很大程度上依赖逆向工程技术对已有的艺术实物作品进行数据采集。逆向工程技术可以最短时间获取三维数字模型，经专业的三维设计软件在原作品的基础上，迅速实现各种设计构思，并同步完成可行性验证，最后将CAD三维模型数据输入快速成型机，完成样品的实物验证，最后进行开模与小批量复制生产。逆向工程在文化创意领域应用如图1.8所示。

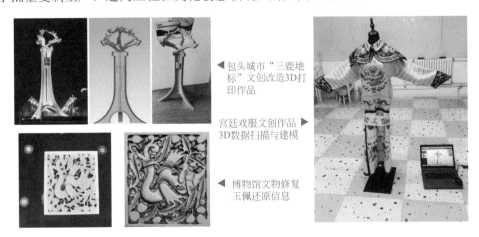

◀包头城市"三鹿地标"文创改造3D打印作品

宫廷戏服文创作品▶3D数据扫描与建模

◀博物馆文物修复玉佩还原信息

图1.8

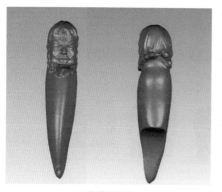

三维模型重构   ⟶   快速成型预览

图1.8　逆向工程在文化创意领域的应用

第**2**章

数据采集

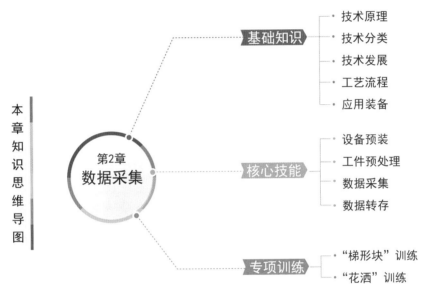

本章知识思维导图

- 基础知识
  - 技术原理
  - 技术分类
  - 技术发展
  - 工艺流程
  - 应用装备

- 核心技能
  - 设备预装
  - 工件预处理
  - 数据采集
  - 数据转存

- 专项训练
  - "梯形块"训练
  - "花洒"训练

重点与难点

➡ 了解三维扫描技术原理、分类与技术特点

➡ 掌握三维扫描基本工艺制作流程的方法与实施步骤

➡ 能够对结构较为复杂、表面细节多的物体进行分析并形成操作方案

2.1 三维扫描基础知识

2.1.1 三维扫描技术的原理

三维扫描技术是一种记录被测物体表面与其结构间含有的大量点集三维坐标、

贴图和纹理等信息，经计算机算法可快速还原被测物体的三维模型数据的技术，它可以反映真实物体表面的点、线、面、体等数据信息在三维空间中的具体位置，是现代数字化生产流程中不可或缺的专业技术。

这种技术的核心目标是创建物体几何表面的点云状结构，还原真实物体在空间位置中的点云结构关系，不仅反映出真实状态下物体的基本物理参数信息，如空间位置关系、尺寸大小等，还可以通过重构技术，在这些点之间进行网格状填补，形成物体的晶格化状态，从而可进一步生成三维实体模型文件。

三维扫描技术的精确程度，取决于物体点云信息的准确度和密度。收录物体的点云数据位置信息越准确，密集程度越高，其数据的可靠性也就越高，基于点云所创建出来的三维数据模型的精度也就越高。

通常三维扫描技术需要使用照相机、摄影机等光学设备来获取数据，因此在进行数据采集的过程中，也可同时对物体的状态进行拍照或录像，利用形成的单张或逐帧照片与影像，可进一步得到物体的颜色与纹理等信息，通过软件材料库识别出其材质的具体属性，如图2.1所示。最后再通过映射技术投射到三维模型的表面上，从而形成带有贴图信息的三维模型。

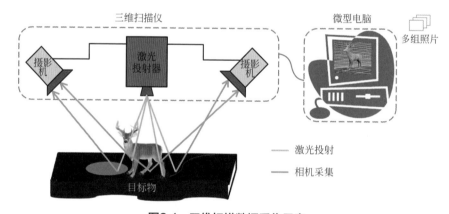

图2.1 三维扫描数据采集示意

由于三维扫描设备的识别范围存在限制，且照相机受到焦距、光圈等硬件因素的影响，如果想要得到物体的三维数据信息，还需要变换扫描仪与物体的相对位置（或将物体放置于电动转盘），以得到由物体多个面片的信息所合成的完整点云数据，从而得到完整模型。此外，还需要通过摄像机左右双机位同步扫描，来获取物体同一点的相对空间位置信息，为软件的计算提供更多参考信息。

2.1.2 三维扫描技术的分类

三维扫描数据采集的方式，可以分为两种类型，分别是"接触式"和"非接触式"，如图 2.2 所示。前者需要通过三维扫描相关设备与被扫描物体进行物理上的接触，才能够获得实物表面数据信息，所以被称为"接触式"三维扫描；而后者则无须通过扫描设备与被扫描物体进行真实物理层面上的接触，即可得到相关数据信息，所以被称作"非接触式"三维扫描。

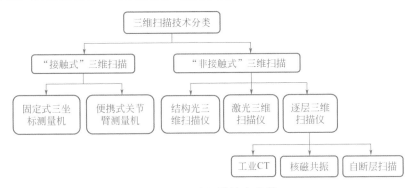

图2.2　三维扫描技术分类

"接触式"三维扫描技术一般会使用感测探针来接触被测物体表面，进而获得触碰点周围的位置坐标。由于需要一点一点地按顺序接触物体表面，扫描整个物体相对于非接触式来说，将需要花更多时间。但也因其与物体接触，所以扫描所获得的数值精度较高。有些设备精度甚至能够达到 0.1μm，通常会应用于精密测量和品质检查。但由于需要接触物件表面，柔软的物件或者是探针伸不进去的沟槽等无法用此方法进行扫描。

"非接触式"三维扫描方式因其操作方便灵活，是主流的三维扫描方式。"非接触式"三维扫描一般分为"主动式"与"被动式"两种，差异在于三维扫描装备是否会主动投出光源，如图 2.3 所示。主动向被测物体投射光线，一方面有利于被测物体聚焦位置，方便收集信息；另一方面，固定间距的光栅，更有助于逆向设计软件进行分析与计算，以便获取更精准的数据信息。

图2.3　非接触式三维扫描技术分类

2.1.3　三维扫描技术的发展

三维扫描技术的本质是利用光进行测距，特别在运用三维扫描进行物体数据采集时尤为明显。由于三维扫描系统可以在短时间内密集地获取大量目标对象的数据点集，因此相对于传统的单点测量，三维扫描技术也被称为从单点测量进化到面测量的革命性技术突破。该技术在文物古迹保护、建筑、规划、土木工程、工厂改造、室内设计、建筑监测、交通事故处理、法律证据收集、灾害评估、船舶设计、数字城市、军事分析等领域也有很多的尝试、应用和探索。三维扫描技术发展的演变过程如图2.4所示。

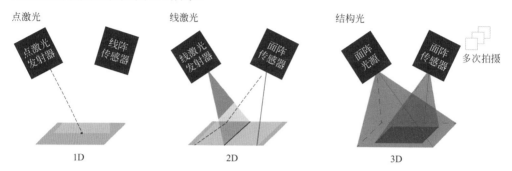

图2.4　三维扫描技术发展的演变过程

三维扫描系统包含数据采集的硬件和数据处理的软件两部分。按照载体的不同，三维激光扫描系统又可分为机载、车载、地面和手持式几类。

三维扫描技术在测量物体尺寸及形状时，负责曲面抄数（扫描）、工件三维测量，针对现有三维实物（样品或模型）没有技术文档的情况，可快速测得物体的轮廓集合数据，并加以建构、编辑、修改，生成通用输出格式的曲面数字化模型。通常可将搜集到的物体的数据用来进行三维重建计算，在虚拟世界中创建实际物体的数字模型。

这些模型具有相当广泛的用途，凡是工业设计、瑕疵检测、逆向工程、机器人导引、地貌测量、医学信息、生物信息、刑事鉴定、数字文物典藏、电影制片、游戏创作素材等都可见其应用。三维扫描装备的制作并非仰赖单一技术，各种不同的重建技术都有其优缺点，成本与售价也有高低之分。目前并无一体通用之重建技术，仪器与方法往往受限于物体的表面特性。例如光学技术不易处理闪亮（高反照率）、镜面或半透明的表面，而激光技术不适用于处理脆弱或易变质的表面。

2.1.4　三维扫描工艺流程

按照三维扫描技术的操作流程，其核心操作通常涵盖以下四个步骤：设备预装、工件预处理、数据采集和数据转存。工艺流程示意如图 2.5 所示。

（1）设备预装

市面上国内外三维扫描套装种类繁多，软硬件在各方面均存在较大差异性，因此，为避免后续操作中数据文件格式转化产生不必要的问题，务必在使用设备前检查软硬件是否配套，必要时请翻阅使用手册进行查验。如遇特殊情况，也请优先确保所使用软硬件产品的品牌统一，避免因软硬件之间参数匹配不当所造成的数据偏差或丢失。

图2.5 三维扫描的工艺流程

通常来说，绝大多数专业性较高的品牌，会预设三维扫描装备的基本参数值，使用者无须过多调整，即可使用默认参数进行操作。若需要在特殊状态下作业，或者需要得到更高级别的扫描精度，再按需进行手动参数调整即可。

（2）工件预处理

并非所有实体产品都可以直接进行三维扫描等操作，专业的工程师在对实物进行识别时会尽量规避操作中较难的部分。而对于无法避免的零件结构，确保在不破坏原始物件的基础上进行最小范围的人为改造工作，以适应逆向工程技术的操作原理。

（3）数据采集

数据采集的操作过程并不复杂，只要按照事先对扫描物体所做的方案进行操作即可。值得注意的是，在具体的实操环节，如果是在自然光条件下进行，请务必关注周边光线环境的变化，因为光学扫描镜头对于光线相当敏感，光影的细微变换都会严重影响数据最终采集的结果。另外，由于三维扫描套装的适用范围不同，也会产生意外状况。总之，这个环节需要操作者更加谨慎和细心。

（4）数据转存

导出数据采集过程中获得的完整模型数据，根据不同设备选择逆向工程设计软件。由于使用的数据采集装备具有差异性，数据文件导出的方式也会略有不同。目前使用较广泛的逆向工程技术装备，大多采用多组照片融合拼接完整信息的方式，常用的输出格式为 asc 文件。这种格式的数据文件，便于对物体"点云"数据进行优化与处理。

2.1.5 三维扫描应用装备

随着逆向工程技术的更新迭代，应用三维扫描技术的行业正呈扩大趋势，而且依据不同应用行业或领域的发展需要，逐渐演变出各种软硬件配套产品。从应用的群体来划分，可将其分为"消费级三维扫描设备"和"工业级三维扫描设备"两类；从应用的方式上来划分，可将其分成"固定式三维扫描设备"与"手持式三维扫描设备"两类；而从光学原理上来区分，则又可分为"拍照式三维扫描设备"和"激光式三维扫描设备"两类。扫描设备类型如图2.6所示。

图2.6　扫描设备类型

（1）按照应用群体分类

① 消费级三维扫描设备　消费级三维扫描设备能够满足个人、家庭或小型工作室、非专业类院校等群体的日常使用与教学需求。此类产品的特点是设备简易、轻便，操作简单、易上手，且软硬件系统高度封装，精密度相对不高，如图2.7所示。

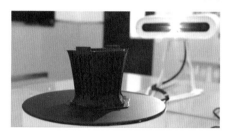

图2.7　消费级三维扫描设备

② 工业级三维扫描设备　工业级三维扫描设备通常需要满足绝大多数工业产品或服务、高端加工、设备制造等行业，以及企业的产品研发与生产等环节的使用需求，这就对设备的精密度及容错率提出了很高要求。同时对于专业配套设施与服务，可根据行业或企业的特殊需求进行专项订制，如专门用于医用、军事、航空航天、汽车制造等领域的专业性极强的软硬件套件，如图2.8所示。

图2.8　工业级三维扫描设备

（2）按照应用方式分类

① 固定式三维扫描设备　固定式三维扫描设备适合扫描尺寸较小的工件，如果扫描过大的工件，需要多次移动扫描仪的位置和调节扫描仪镜头的角度，如图2.9所示。

图2.9　固定式三维扫描设备

② 手持式三维扫描设备　手持式三维扫描设备无需固定的支架，在获取物体数据信息的过程中，仅需要通过手持方式，在确保相对稳定的情况下，实时动态地获取物体的三维数据，此种扫描方式在很大程度上扩展了操作者的活动空间，如图2.10所示。手持式扫描仪分为需要粘贴标识点和不需要粘贴标识点两种类型，粘贴过标识点的物体不会在移动过程中丢失数据，而未贴标识点的物体，设备在扫描时则可能产生数据丢失情况。对于同等价位的扫描仪来说，手持式的设备精度一般比拍照式精度低，扫描细节没有拍照式的好。

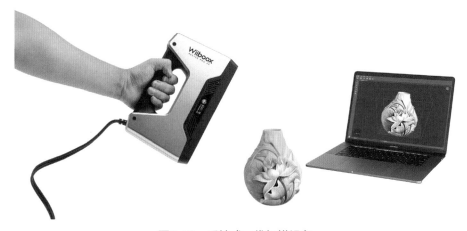

图2.10　手持式三维扫描设备

（3）按照光学原理分类

① 拍照式三维扫描设备　拍照式三维扫描设备对环境要求更高，在拍照过

程中不能有振动，而且不能在户外使用，多应用在学校和实验室中，如图2.11所示。

图2.11　拍照式三维扫描设备

　　② 激光式三维扫描设备　激光式三维扫描设备对环境要求低，受外界光源的影响较小，在户外也可以使用，只要扫描工件上贴了标识点，就不会由于振动丢失扫描数据，多用于车间，如图2.12所示。

图2.12　激光式三维扫描设备

2.2　数据采集核心技能

　　由于读者群体所使用的三维扫描套装品牌和型号差异较大，且对于扫描精度的要求不尽相同，因此本节仅选择通用设备中常用的操作方法加以归类，并对部分关键命令进行说明。数据采集核心技能如图2.13所示。

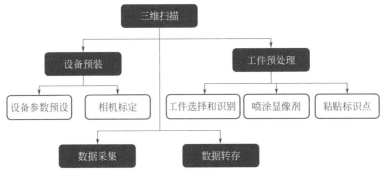

图2.13　数据采集核心技能

2.2.1 设备预装

（1）设备参数预设

在使用拍照式三维扫描设备时，外部环境（如光照、敏感度、透光度等）对于获取工件数据信息将会存在非常大的影响。曝光度、反光度过于强烈，或物体自身透光率较高，都会导致无法准确识别工件主体信息；相反，光照强度不足，则很难获取工件细节的信息，甚至会对工件整体信息的获取造成干扰。

如图 2.14 所示，当外部光照不足时，三维扫描设备双镜头无法准确识别到工件表面特征和标识点，而曝光过强时（红色点状区域），工件的信息丢失较为严重。这两种情况都严重影响到数据采集的准确性。因此，在扫描物体之初，需要进行设备参数的预设。一方面要特别关注所使用设备软硬件参数的取值范围与使用极

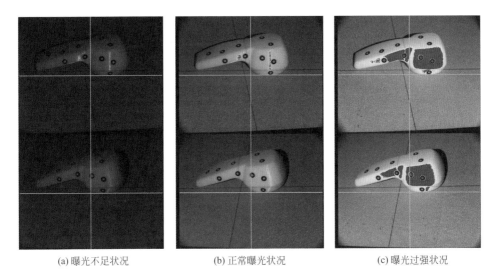

(a) 曝光不足状况　　　　　(b) 正常曝光状况　　　　　(c) 曝光过强状况

图2.14　不同曝光程度对扫描的影响

限，以及相互匹配程度；另一方面则要特别关心操作空间的外部环境与物体自身的物理属性。

（2）相机标定

三维扫描仪在经过搬运后或者环境温度变化较大时，扫描仪的各部件会发生微小的偏移。在三维扫描仪出厂时，软件里会有记录标定板上每个点之间的距离的文件，这个文件就是校准文件。当偏移产生后，标定实际就是通过多角度扫描标定板，得到标定板上实际的点的距离，再与校准文件进行比对，然后根据偏差值进行修正。影响相机标定的关键参数通常有以下几种。

① 相机与标定板间的距离　由于相机镜头光圈、焦距、感光度等物理参数限

图2.15　XHCV3D扫描套装

制，不同的三维扫描设备对于被扫描物体的尺寸及与其间距的要求截然不同，因此请以所购买的设备要求为准。此处，以桌面级 XHCV3D 扫描装备为例，如图 2.15 所示，最恰当的扫描距离为标定板距相机 49cm±10cm。

② 双机位相机镜头间距与角度　常用的拍照式三维扫描设备，通常会从两组相机间向物体投射一束光线，然后由两个摄像头来捕捉光线在所照射物体表面的信息，如图 2.16 所示。因此，这两组摄像头的间距、交叉角度、所能照射的范围、焦段的长短则尤为重要。

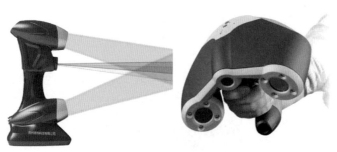

图2.16　拍照式三维扫描设备原理示意

③ 校准标定板的空间位置　标定板是固定式三维扫描设备用来执行静态物体扫描时所必备的工具之一。

如图 2.17 所示，标定板通常以吸光性很强的黑色材料作为底板，因为黑色材料能够突显被扫描物体的轮廓，与其形成鲜明的色差；此外，分布均匀的白色标识点矩阵也很容易被识别，其中，中心位置较大的白色标识点规定了被扫描物体

到相机焦段聚集的中心区域。

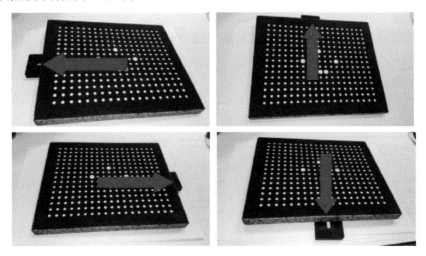

图2.17　标定板示意图

　　为获取标识点的空间三维坐标信息，通常会分别垫高标定板的一角，此时的标识板呈 15°左右的倾斜状态，有助于三维扫描过程中对物体空间信息的判断与计算。

2.2.2 工件预处理

（1）工件的选择与识别

　　常用的三维扫描设备通常使用光栅来识别物体空间位置关系，因此，在一定程度上会限制摄像头拍摄的范围。为提高三维扫描过程数据识别的效率，就需要在操作前，判断工件是否符合三维扫描的要求。

　　如图 2.18 所示的因素将直接影响三维扫描的结果，具体如下。

　　① 物体的形状　通常来说，物体的外形轮廓会直接影响到数据采集环节对于被扫描物体的执行情况，因此会被特别关注。为更好地识别这些图形，提前规避困难，可对其进行分类。

　　a. 回转体。所谓"回转体"，即矩形、正方形等平面图形沿某一特定轴进行旋转而形成的实体模型。呈现如此外轮廓的被

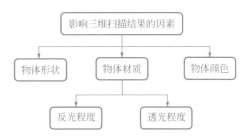

图2.18　影响三维扫描结果的因素

扫描体，其表面轮廓中如无特殊细节等标识物，三维扫描软件很难就曲面做出判断，需人为粘贴标识点，通过不对称贴点等方式做出差异性特征。

　　b. 结构遮挡。绝大多数真实情况下，被扫描物体并非标准几何体，都会因结

构凹凸变化或表面锈迹等情况，造成关键部位被遮挡。而遮挡部分过多，将会导致数据采集时，光线难以进入，或者扫描仪镜头无法介入，从而造成扫描数据的丢失。遇见这种问题，最佳方案就是尽量规避这些零配件的三维扫描工作，如实在无法避免，尽量获取其外部信息，同时手动测量无法识别的区域，简单绘制草图结构，并以此为依据，在模型重构环节，以手动创建的方式加以弥补。

② 物体的材质　另外一个影响数据采集的关键因素就是被扫描物体的材质属性，因为它在光照情况下，极易影响到光线的走向，而三维扫描环节恰恰对光线极为敏感，光线的强弱都会直接影响到最终的取值结果，因此要特别注意。

a. 镜面反射。镜面反射是指当光照直射物体表面时，反射光有明确的反射方向，反射光与入射光成对称折线，且反射光的强度很强。通常来说，镜面、抛光金属、漆面物体等在光照下易出现类似情况。镜面反射强，易造成扫描仪镜头出现过度曝光，致使无法得到被扫描物体的轮廓信息，从而造成扫描数据的丢失。出现类似状况，最佳策略是喷涂亚光显像剂，削弱镜面反射强度。

b. 半透明物体。半透明物体包括透明硅胶、晶体结构和纱状物体等几类。光照状态下，光线经其表面射入其体内，导致光线发生折射，极易导致扫描装备误将物体的相对表面识别为一体，或者将有厚度的物体识别成薄片，从而造成数据的错误。同样可参考喷涂亚光显像剂的方式来提高数据采集的成功率。

c. 柔性材料。在日常工作中也会经常需要对具备柔性材料的实体进行数据采集工作，例如塑胶、树脂等材料。这些材料外形在三维扫描过程中易发生变形，扫描过程中实物轮廓不稳定，极易导致扫描数据的失真和软件合成计算时发生错误。

d. 颗粒状物体表面。很多被扫描物体表面材质颗粒度较大，或凹凸琐碎且繁多，不仅造成了物体表面光照反射的混乱，同时会由于物体表面颗粒间的遮挡而丢失很多细节信息。

③ 物体的颜色　被扫描物体表面的颜色同样是操作前需要考量的因素之一。如果颜色较深，如黑色、深蓝色、墨绿色等，容易造成投射在物体表面的光线被吸收，相机难以分辨物体表面特征点，且物体表面与背景之间不易分辨。当物体表面颜色较浅，如亮白色、浅粉色等，则会造成物体在三维扫描时，更多表面的细节丢失，甚至出现光线的较强反射，同样会带来操作问题。

（2）喷涂显像剂

显像剂是一种白色粉末状涂料，具有亚光效果，易清洗、不反光和无刺激性气味，常用于改造不适合直接进行三维扫描的物体表面。常用显像剂如图 2.19 所示。

① 显像剂的主要功能

a. 降低工件表面色彩饱和度，覆盖深色物体表面，使扫描数据更加精准、完整。

b. 使得被扫描物体表面光洁度更均匀，如生锈物体表面。

c. 覆盖物体表面，消除物体透明或反光所造成的影响，方便扫描获取物体空间数据。

注意 　在喷涂之前，首先应确定是否可以在物体表面喷涂显像剂，以免与物体发生化学反应；同时要确定是否能够完全清理物体表面喷涂的显像剂，以防止显像剂对工件产生腐蚀。

② 喷涂显像剂的关键要素

a. 喷涂显像剂时，注意保持与物体间的距离，需要维持在 15 ～ 20cm 的距离，如图 2.20 所示。

b. 物体表面不宜喷涂太厚，只要形成均匀薄层，确保表面平滑即可，否则会导致扫描的难度增大。

c. 喷涂过程中，应佩戴橡胶手套，避免因喷涂的显像剂液体尚未挥发而留下指纹，影响后续扫描数据效果。

d. 为避免不必要的浪费，应事先做好试喷涂，选择一小块同材质实物或工件的一小部分喷涂，避免原始工件的损坏。

e. 显像剂属于化学制剂，应尽量不要将显像剂直接触碰到人体皮肤，若需要对人体器官进行数据采集工作，应在皮肤上先涂抹适量粉底以作保护。

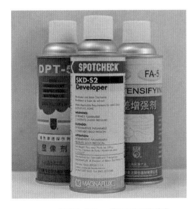

图2.19　常用显像剂

图2.20　喷涂显像剂过程

③ 喷涂显像剂的关键技巧

a. 喷涂显像剂前，应将显像剂摇匀，避免粉末溶剂因未与溶液充分混合而形成细小颗粒，影响扫描数据质量。

b. 我国北方冬天温度较低，易造成显像剂粉末无法充分溶解，导致喷涂过程中在工件表面形成过多的颗粒物。可适当对显像剂进行加热，如将其放入温水中或用热吹风机加热，切不可温度过高，以免造成爆炸。

c. 喷涂距离不宜过近，应采取滑动喷涂的方式，避免在同一位置喷涂太多而形成积液，影响数据精度。

（3）粘贴标识点

当所扫描工件的外观与结构无明显特征，扫描设备无法有效捕捉到物体有用的特征值时，无法还原其三维模型，这就需要借助标识点的空间位置关系，来辅助提取工件三维数据信息。

① 标识点的构成　常用到的标识点大多为由黑色圆形外圈与白色内圈所组成的小贴纸。由于扫描设备规格不同，标识点存在不同尺寸，最显著的区别是内外圆的尺寸不同，如图2.21所示。

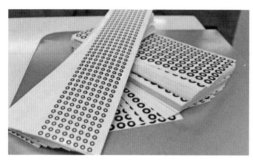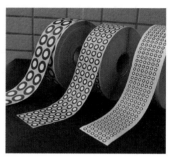

图2.21　标识点

一般来说，小幅面的扫描设备应该使用较小的标识点，而大幅面的扫描设备则使用较大的标识点。可依据所使用的扫描设备规格，选取相应的标识点。空间中三个点就可以确定一个平面，在工件标识点粘贴的过程中，同样遵循相应的原理。通过在工件表面粘贴3～4个标识点（依据所使用的扫描设备需要），会形成唯一空间，三维扫描软件就可以依据所采集到的物体数据信息进行计算。

② 判断粘贴标识点的因素

a. 需要获取高精度扫描数据时候，粘贴标识点有助于得到精度较高的数据信息。

b. 无法通过常规扫描工作直接获取三维数据的物体，需要使用标识点加以辅助。

③ 标识点拼接的关键因素

a. 单位空间保证标识点的数量。被扫描的实物表面通常存在凹凸不平的结构，粘贴标识点时应尽量避免与这些特征进行交互，但仍要保证单位平面内标识点的数量与密度，否则软件无法进行模型的拼接工作。特别是在利用基于多组照片的设备采集数据时，务必确保两张不同照片可采集到共同的采集点，否则无法进行对比与分析。

b. 无规则粘贴标识点。粘贴标识点很重要的一个原因就是希望在毫无特征取值的实物表面创造特征点，因此切不可粘贴时太过规律。

④ 粘贴标识点的技巧（图 2.22）

a. 确保采集到的数据信息间存在过渡，拼接过渡处的标识点应不得少于 4 个（具体根据扫描仪过渡所需的数据点数确定）。

b. 粘贴过程中，避免将标识点置于同一直线上，尽量呈"V"字形分布，提高容错率。

c. 所粘贴的标识点数量过大时，注意进行适当分散，减少后续修补工作。

d. 应注意避免遮盖被测物体表面细节特征，尽量选择较大范围平面或大曲面进行粘贴。

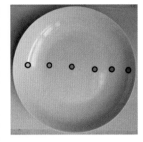 

(a) "一"字形布点　　　　　　(b) 不规则布点

(c) "V"字形布点　　　　　　(d) 控制布点密度

图2.22　标识点粘贴技巧

2.2.3 数据采集

光学三维扫描系统可将光栅连续投射到物体表面，摄像头同步采集图像，然后对图像进行计算，并利用相位稳步模拟两幅图像上的三维空间坐标 (x, y, z)，从而实现对物体表面三维轮廓的测量。三维扫描工作技巧如下：

① 确定扫描策略　通常使用"米"字扫描方法，即：将工件依次水平旋转 8 次，类似"米"字，来完成基本面的扫描提取工作。

② 确定扫描第一幅画面的角度　以尽可能多识别所贴标识点为基本原则，方便过渡到其他标识点。

③ 细节补充　对工件没有扫描到的部位进行重点扫描，尽可能多地获取表面信息。

④ 曲面过渡　每一次扫描的幅面内，要求标识点个数大于或等于扫描设备过渡所需标识点个数。

2.2.4 数据转存

当三维扫描软件完成了物体的扫描工作后，软件会进行一系列的计算，形成最终的"点云"数据文件。很多三维逆向软件本身会兼有逆向工程技术的多重模块，所以只需要确保同一品类软件可识别即可，如需要采用不同类型的逆向软件进行后续工作，则需要对"点云"数据进行转存。本书建议采用 asc 格式文件，以便更多软件能够识别。

2.3 专项训练

2.3.1 案例01：扫描"梯形块"

（1）案例说明

作为第一个三维扫描训练案例，我们先从最常用、同时也是最基础的工件"梯形块"开始。因为它是一个相对标准的六面体，并无复杂的曲面或凹凸，也没有遮挡结构，有利于初学者了解完整的扫描过程。此外，工件的六个表面与衔接结构均有所差异，较传统的正方体拥有更多的细节结构，有助于三维扫描过程的特征点捕捉，如圆角过渡面等。

（2）操作流程（图2.23）

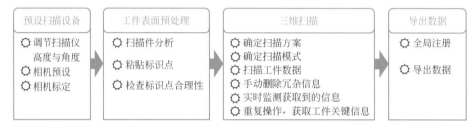

预设扫描设备	工件表面预处理	三维扫描	导出数据
✿ 调节扫描仪高度与角度 ✿ 相机预设 ✿ 相机标定	✿ 扫描件分析 ✿ 粘贴标识点 ✿ 检查标识点合理性	✿ 确定扫描方案 ✿ 确定扫描模式 ✿ 扫描工件数据 ✿ 手动删除冗杂信息 ✿ 实时监测获取到的信息 ✿ 重复操作，获取工件关键信息	✿ 全局注册 ✿ 导出数据

图2.23　扫描"梯形块"操作流程

（3）操作过程

步骤01：预设扫描设备

① 调节扫描仪镜头高度与角度　将扫描仪的相机高度与倾斜角调整到最佳状态，同时确定标定板的基本位置，如图2.24所示。

(a) 调节相机高度　　　　　　　　(b) 调整相机角度

图2.24　调节扫描仪镜头高度与角度

② 相机预设

● 预设相机设置。打开三维扫描软件，选择软件中相机"设置"。图2.25所示为Thunk 3D扫描软件工具栏。

图2.25 Thunk 3D扫描软件工具栏

说明 不同扫描仪品牌和扫描软件的操作界面略有不同，但其功能并无差异，可根据自己使用的设备进行调整。本案例中所使用的设备为"迅恒桌面型三维扫描仪标准版"。

● 预设相机投影模式。选择相机投影模式为"十字"，可以确保扫描更精准，如图2.26所示。

图2.26 扫描模式预设参数面板

注意 将所需扫描的工件放置在十字的正中心，以便更好地固定位置。

● 调节相机"亮度"值。根据所需扫描工件的外界环境，调整扫描仪摄像头"亮度"值，如图2.27所示。随着"亮度"值的增大，屏幕监视器所显示的图像亮度会变大，与此同时，会出现红色光斑区域，这说明"亮度"值过高，需要适当降低亮度值；若"亮度"值过小，屏幕监视器所显示的图像会变暗，甚至无法识别工件，这就需要适当提高亮度值。若调节"亮度"值达到最大值仍无法看清工件时，则可以考虑改变扫描操作的环境，或通过添加额外光源来确保扫描环境的亮度达到识别工件及标识点的条件。不同亮度值效果对比如图2.28所示。

图2.27 亮度设置参数面板

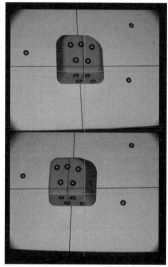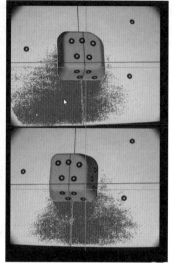

(a) 正常亮度值   (b) 亮度值过高

图2.28 不同亮度值效果对比

● 调节相机"曝光"值。与相机"亮度"值的概念相似，相机的"曝光"值是指扫描仪镜头的进光量。曝光设置参数面板如图 2.29 所示。当进光量偏大时，屏幕监视器图像显示会偏亮，会出现红色光斑区域（曝光过度）；而进光量偏小时，屏幕监视器图像显示偏暗，一样影响着物体

图2.29 曝光设置参数面板

的识别度，如图 2.30 所示。因此，可适当进行调节。

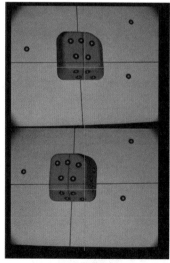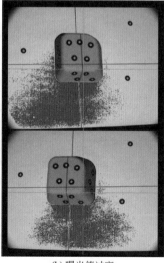

(a) 正常曝光值   (b) 曝光值过高

图2.30 不同曝光值效果对比

③ 相机标定

● 确定"标定板类型"。选择相机标定按钮，如图 2.31 所示。有些三维扫描仪软件已经将"标定板类型"固定为某种预设参数，因此可省略此步骤操作，如图 2.32 所示。

注意 不同类型的扫描仪和软件会有不同相机标定的按钮，且设置的位置可能有所不同。应根据设备的实际情况进行预设。

图2.31 选择相机标定按钮

● 调节扫描基本参数。

a. 调节相机镜头高度。根据提示，调节相机镜头与标定板之间距离，此款设备最佳距离为 49cm±3cm，然后点击"下一步"，如图 2.33 所示。

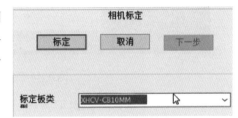

图2.32 标定板参数面板

注意 标定板和图中所示应保持一致，确保能够在两个镜头中完整清晰地观看并识别到标定板上的所有标识点。

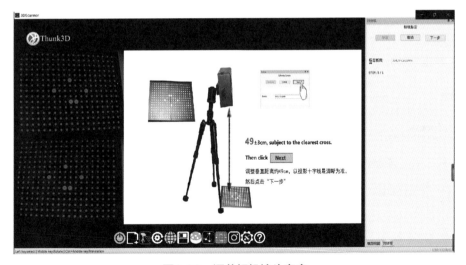

图2.33 调节相机镜头高度

b. 校准标定板空间位置。根据软件提示，可使用如 U 盘大小的物体来抬高标定板一角，具体可根据扫描仪软件提示位置进行抬高，点击"下一步"，如图 2.34 所示。

说明 通过改变标定板的水平方向，使得扫描仪能够获取到真实空间中的三维坐标，识别标定板的空间位置，以便让扫描得到的数据更加精准。

图2.34 校准标定板空间位置

同理，更换垫高标定板的物体位置，连续点击"下一步"继续。可按照顺时针方向进行，以便让扫描仪能够识别不同标定板的空间数值。

c. 确定精度，完成标定。当确定了标定板四个角的空间位置后，软件需要经过计算获得相应的精度数值，如图 2.35 所示。此时，标定工作完成。

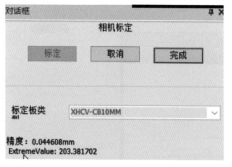

图2.35 确定精度，完成标定

步骤02：工件表面预处理

① 扫描件分析 由于"梯形块"表面相对光滑，没有明显的棱角，且每一个平面的面积有明显的差异，光学扫描仪可以相对容易识别其特征，因此在进行标识点处理时，只需确保每个面的点不小于 3 个即可，并且分布需均匀，无须考虑喷涂显像剂。

② 粘贴标识点 手动粘贴标识点，尽量覆盖扫描件所要扫描的区域，如图 2.36 所示。

③ 检查标识点合理性 首次进行三维扫描工作，需尽可能多识别工件特征点和人工粘贴的特征。通过改变"梯形块"摆放的角度，使显示图像中的红色点尽可能多，红色点即为三维扫描软件所能够识别出的特征点；而无此红色点，则说明标识点没有被识别到，需要重新粘贴或者调整所扫描物体的摆放位置。图 2.37 所示为不同角度下的标识点。

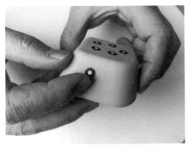
(a) 粘贴标识点

(b) 完成粘贴

图2.36　粘贴标识点

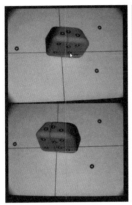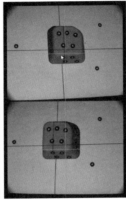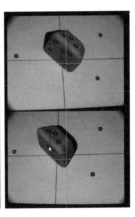

图2.37　不同角度下的标识点

注意　三维扫描仪为双镜头成像，因此需要确保两个摄像头能够同时识别到同一个特征点，否则需要及时调整工件摆放位置或重新粘贴标识点。

步骤03：三维扫描

① 确定扫描方案　"梯形块"为不规则六面体，其上下两个相互平行的底面，在进行三维扫描时可能出现过渡面信息无法获取的状况，因此如何安排扫描的顺序就显得非常重要。可尝试从与底面相接的一个坡度较大的侧面开始进行三维扫描。

② 确定扫描模式　选择"手动扫描"模式，如图2.38所示。

图2.38　选择"手动扫描"模式

③ 扫描工件数据

● 点击"手动扫描"后，即可获取当前工件摆放位置下的点云数据，如

图 2.39 所示。

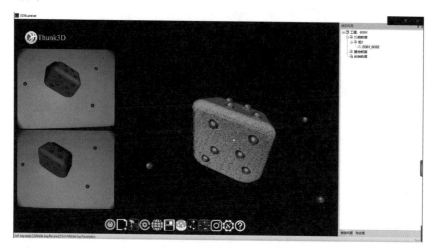

图2.39　手动扫描状态下的点云数据

可根据屏幕中所显示的数据来辨别标识点是否识别到，这里的每一个球体各自代表一个标识点。球体过多，说明粘贴的标识点过多，可适当减少，以减轻后续修复工作的负担。

注意　在扫描过程中，应避免工件的移动或颤动，以免扫描的信息出现"分层"状态，或者影响点云排列的质量。

● 旋转"梯形块"工件，继续三维扫描。此时需由已经识别到的点过渡到未识别到的标识点及面片，直到工件显示"拼接成功"为止，如图 2.40 所示，否则需要重新摆放位置扫描。再次强调，两个镜头同时识别到标识点，才算真正识别标识点。尽可能进行多次角度转换，使获取的数据信息更精准。

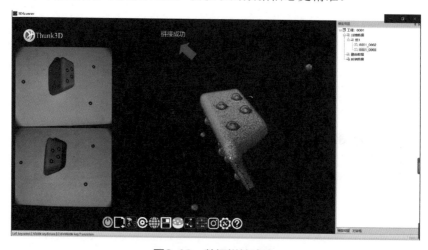

图2.40　数据拼接成功

④ 手动删除冗杂信息　手动框选识别到的悬浮噪点，鼠标右击选择【删除选区】，以免影响工件整体数据及损耗没有必要的运行内存，如图 2.41 所示。

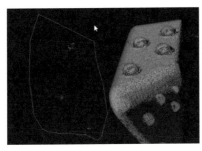 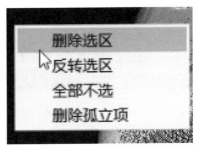

(a) 框选冗杂点　　　　　　　　　　　　　(b) 删除选区

图2.41　手动删除冗杂信息

⑤ 实时监测获取到的工件信息　每次将不同的扫描信息"拼接成功"后，应旋转工件的观察视角，检查扫描数据是否存在特征数据丢失的情况，如图 2.42 所示。若存在，则说明扫描过程中旋转的角度过大，计算机无法识别点的对应位置，需要换个角度或者以更小的旋转角度进行过渡，完成拼接；有时可通过识别相邻的侧面进行扫描过渡。

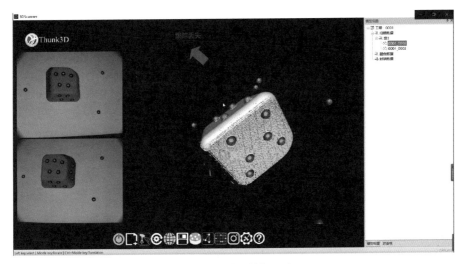

图2.42　特征数据丢失

⑥ 重复操作，获取工件关键信息　在扫描过程中可以使用垫块或任意实体垫高待测工件一角，物体尽量要小，也可以使用工业黑色橡皮泥，因为黑色的吸光效果最佳。重复操作过程如图 2.43 ～图 2.45 所示。

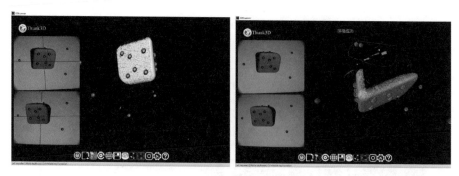

图2.43 扫描识别底部完整面片

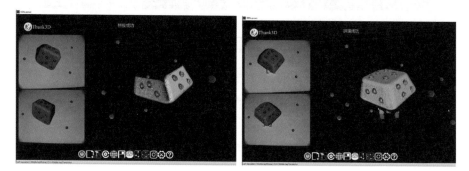

图2.44 拼接工件过渡面

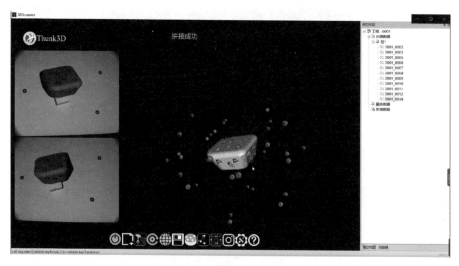

图2.45 删除冗余的部分

步骤04：导出数据

① 全局注册 全选所有扫描工件信息，点击右键，选择【全局注册】，完成所有数据信息的合并，如图2.46和图2.47所示。

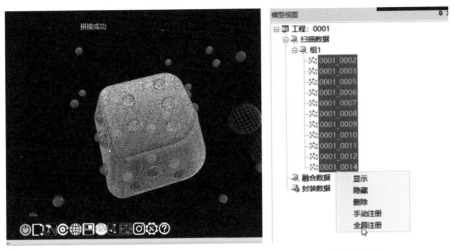

(a) 数据拼接成功　　　　　　　　(b) 全局注册

图2.46　选择【全局注册】

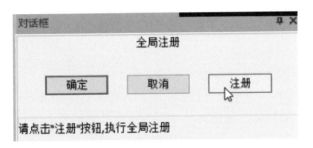

图2.47　【全局注册】对话框

② 导出 asc 格式文件　点击"保存数据"按钮，将工件数据以 asc 格式进行导出，如图 2.48 所示。

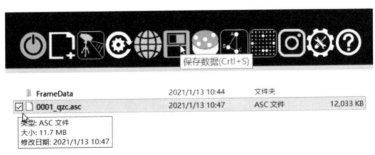

图2.48　导出asc格式文件

（4）制作小结

"梯形块"工件尚属最基本的扫描工件，并未涉及复杂的凹凸结构，工件表面尚且光滑，无半透明材质，因此适合初学者反复训练。

2.3.2 **案例02：扫描"花洒"**

（1）案例说明

通过对"梯形块"的扫描大致了解了三维扫描的基本过程，接下来通过扫描"花洒"模型巩固学习一下。

相较之前扫描的"梯形块"模型，"花洒"模型是一个对称模型，在扫描过渡时应该考虑如何让标识点识别，从而保证模型曲面识别并成功拼接。

（2）操作流程（图2.49）

图2.49 扫描"花洒"操作流程

（3）操作过程

步骤01：分析模型特征

① 确定扫描件形状　当拿到扫描件时，应该首先确定其是否属于几种特殊形状，如：对称体、回转体、薄壁体等。因为上述几种形状会对扫描方案产生影响。其次是辨别模型材质与颜色，对于绝大多数工件，在执行扫描任务前均需要对其进行喷粉处理，除非工件自身有白色亚光的表面。通过观察工件可知：扫描工件为白色、对称物体，可省去喷粉环节。

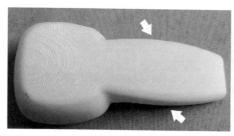
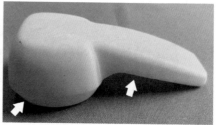

图2.50 注意"花洒"模型存在很多曲面结构

② 观察模型特征　观察扫描件有没有一些细小特征，或需要特意保留的区域。通过观察模型，发现模型手柄侧面为较为窄的曲面，如果粘贴标识点，在扫描过程中，可能会影响与上下曲面连接圆角部分的数据，后期点云处理可能非常复杂。另外需注意，花洒存在很多较小的曲面结构，如图2.50所示，在粘贴标识点时，远离模型处在圆角的部分，如图2.51所示，以防止模型特征区域作为过渡结构，

造成数据的丢失，给点云处理阶段造成麻烦。

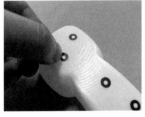  

(a) 粘贴标识点　　　　　(b) 粘贴一侧标识点　　　　　(c) 粘贴完的标识点

图2.51　粘贴标识点

步骤02：制定扫描策略

① 扫描策略　已知工件为对称模型，我们需要给工件贴标识点，贴标识点时要注意将标识点贴在曲率变化较小的区域。因为扫描的第一幅画面不需要进行标识点的拼接，所以尽可能多地识别标识点，便于后续几幅扫描数据的拼接。建议采用"米"字扫描法，从各个角度识别标识点并完善数据的扫描拼接。在扫描时，要注意扫描的过渡，保证两幅扫描图片之间有四个公共的标识点。扫描时运动的幅度不能太大，否则会出现拼接错误等问题。最后，将标识点基本识别之后可以进行查漏补缺，将数据完善即可。

② 点云处理及曲面重构策略

a. 点云处理。首先删除多余的杂点，然后进行封装，使点云转化为三角面片，接着进行减少噪声、删除钉状物等操作，对扫描数据进行优化处理，最后创建坐标系。在创建坐标系时，创建对称面是至关重要的一步，对称面的精度会对整个曲面重构的精度产生很大的影响，因此我们需要判断在模型中哪些部分制造精度较高，通过套索、矩形的选择工具选取制造精度较高的部分创建对称面。

b. 曲面重构。由于工件为对称模型，在进行曲面重构时只需要挑选工件表面质量较好一侧的扫描数据进行曲面重构，然后使用平面偏移工具将对称面向曲面重构一侧偏移适当的距离，使用偏移后的平面裁剪重构的曲面，接着使用镜像工具进行处理，获得另一侧的曲面，最后使用曲面放样工具进行对两侧曲面的桥接。

小贴士　操作者如果在参加逆向设计大赛的过程中遇见此类问题，可由A队员来建立坐标系，对点云数据表面平滑处理，转交给B队员进行逆向建模设计，然后由A队员进行相对精细的点云优化工作。

步骤03：三维扫描

扫描过程中，请注意相机的曝光值与亮度值。根据模型数据表面和周围空间的光亮程度及时进行调整，确保不会影响模型数据的获取。

在扫描过程中，将需要识别模型的主要区域放置在扫描仪的十字投影正中间，确保扫描出的数据更加精准，如图 2.52 所示。

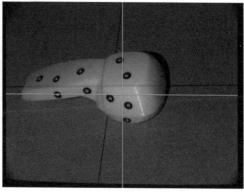

(a) 扫描模式　　　　　　　　　　　　　(b) 相机扫描预览效果

图2.52　通过三维扫描获取数据信息

　　第一幅扫描图片要尽可能多地识别标识点，为软件计算后续的扫描数据与拼接工作提供基础数值。

　　通过"米"字扫描法所获取到的第一幅图片，可囊括模型更多角度标识点的空间位置关系，如图 2.53 所示，随后转动扫描工件，进行"花洒"内侧标识点的识别，如图 2.54 所示。当完成所有标识点的识别工作后，可对数据进行查漏补缺。若显示模型的拼接存在错误信息，则需要调整扫描时运动的幅度，使模型数据完整拼接。

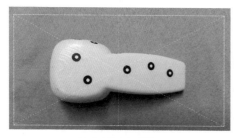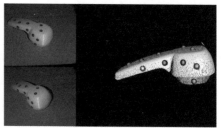

(a) "米"字扫描法　　　　　　　　　　　(b) 相机扫描视窗

图2.53　　"米"字扫描法及扫描预览

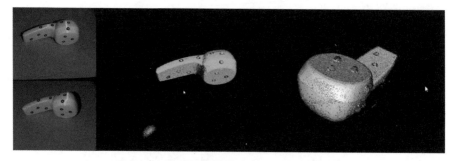

图2.54　执行不同角度"花洒"的扫描工作

步骤 04：导出数据

将扫描的多组图片全选，并执行【全局注册】→【自动注册】命令，使得所有扫描幅面汇总成一幅完整的素材，如图 2.55 所示。

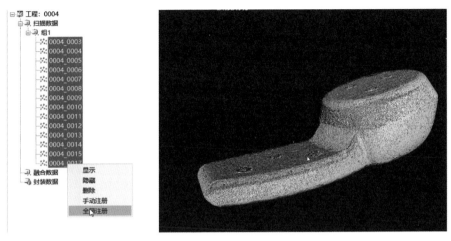

图2.55　执行【全局注册】命令

最后，将全局注册完成的数据信息进行保存，生成 asc 文件，用于后续的点云处理，如图 2.56 所示。

(a) 三维扫描格式书　　　(b) 保存并导出　　　(c) 生成点云数据文件

图2.56　生成数据文件

第3章

点云数据处理

　　本章的学习重点主要集中在如何处理三维扫描设备所得到的模型数据文件，如何使用 Geomagic Studio 软件，对原始的"点云"数据进行优化与修改，以及如何将工件离散的点状结构封装成三角面片，同时生成完整的 stl 格式的文件。

说明　本书的制作流程中只利用 Geomagic Studio 软件强大的封装命令，而不涉及后续的逆向建模模块。

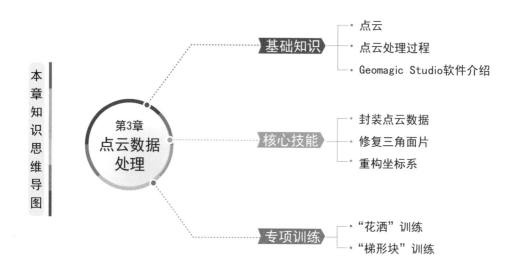

本章知识思维导图

基础知识
· 点云
· 点云处理过程
· Geomagic Studio软件介绍

第3章
点云数据处理

核心技能
· 封装点云数据
· 修复三角面片
· 重构坐标系

专项训练
· "花洒"训练
· "梯形块"训练

重点与难点

➡ 了解模型点云数据处理的基本原理与技能

➡ 学习并掌握 Geomagic Studio 软件关于点云数据处理的工作流程

➡ 能够通过对案例的学习，掌握模型从点云数据到封装模型的全过程

3.1 基础知识

3.1.1 点云

当物体经三维扫描系统识别、计算与优化点云结构后，所得到的数字文件其实并非真正意义上的三维模型文件。当你在软件中放大物体局部后就会发现，此时的物体是由无数个特征点构成的，我们通常称其为"点云"结构，如图3.1所示。

"点云"只是反映物体在三维空间中的一个点状集合，并非一个实体模型，尽管在三维扫描软件中我们能够看到其完整的状态，也能够识别出材质与纹理，但是它依旧不能称为三维模型，也无法进行真正的应用。因此就需要将这些点状集合进行合理关联与封装，形成网状的三角面片。这个过程就是本章我们所要探讨的内容，我们称其为"点云的处理"。

"点云"所承载的数据量大小，物体表面细节的丰富程度，以及扫描设备的精度，都取决于物体特征点数量。通常来说，即使是一个简单的物体，也会由庞大的"点云"结构组成，这里可能既包括了有效的数据信息，也涵盖了诸多不合理的噪点或杂点。当由点向面进行转换的时候，形成的三角面片数量将会超过计算机运算的承载量，导致整个软件系统的崩溃。因此，在后续的每一步软件操作中，需要时刻保持对于"点云"数据的优化意识，争取用最少数量的点来构建面片模型。

(a) 点云的整体状态

(b) 点云的局部状态

图3.1 点云

3.1.2 点云处理过程

在使用 Geomagic Studio 软件对"点云"进行处理的过程中，主要会经历如图3.2所示的三大步骤，分别是：处理点云数据、优化三角面片和转换坐标系。

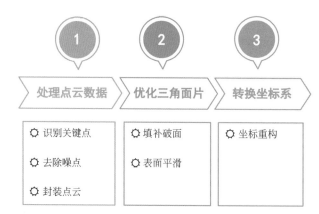

图3.2　点云处理过程

（1）处理点云数据

将物体三维扫描生成的"点云"数据进行关键点的识别与选取，需通过手动方式去除较为明显的杂点、噪点和悬浮点，利用软件算法精炼数据，然后对优化后的点进行封装处理，即通过三角面片的方式，连接各个数据点，从而生成面片状态下的物体，如图3.3所示。

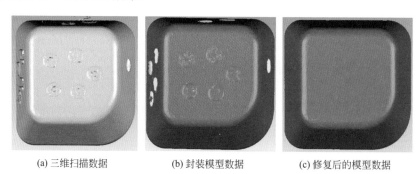

(a) 三维扫描数据　　　　　(b) 封装模型数据　　　　　(c) 修复后的模型数据

图3.3　处理点云数据

（2）优化三角面片

刚刚封装完的"点云"并不能称为一个实体模型，也并不能直接使用，它仅仅是一个千疮百孔的"壳体"。此时的面片模型存在很多的问题，而这些问题会以模型表面的漏洞或皱褶来呈现。究其原因，有以下几个方面：第一，被扫描物表面材质；第二，扫描仪的质量；第三，外界环境光的影响；第四，软件算法。因此，就有必要对其进行"补洞"和优化，以便形成完整的数据模型，如图3.4所示。

（3）转换坐标系（图3.5）

对模型数据进行修复与完善之后，此时的模型文件在三维空间中的位置处在混乱状态，并非按照 x、y 和 z 轴的方向进行上下、左右和前后的布局。

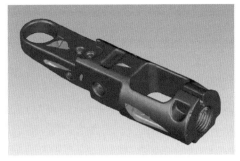
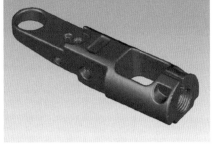

(a) 存在漏洞的封装模型　　　　　　　　(b) 修复后的模型

图3.4　优化三角面片

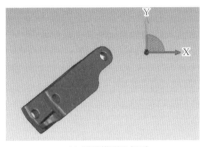

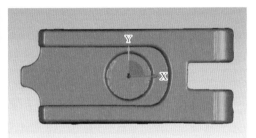

(a) 原始模型坐标系　　　　　　　　(b) 统一后的坐标系

图3.5　转换坐标系

　　三维数据模型的坐标系在任何软件中都应当保持统一，之所以会出现坐标系混乱，是因为我们的扫描仪相对被扫描物件的位置较随意。一般三维扫描仪的坐标系是在距两个镜头轴线相交点有一定的距离，且过两条轴线的角平分线的位置。而我们放置被扫描物比较随机，没有经过准确测量，所以在扫描完成后扫描数据的坐标系看似是混乱的，其实它的坐标系是依据拍摄第一片扫描数据时被扫描件与扫描仪镜头的相对位置确定的。

3.1.3 Geomagic Studio 软件介绍

　　本书中，我们利用 Geomagic Studio 软件来完成从三维扫描"点云"数据向封装模型转化的过程，而对于 Geomagic Studio 软件中其他工具的使用细节不做详解，感兴趣的读者可选择其他更详细的资料进行深入学习。

（1）Geomagic Studio 软件界面介绍

Geomagic Studio 软件界面主要分成以下五个模块，分别是"菜单栏""工具栏""管理器面板""工作视窗"和"状态文本"，如图 3.6 所示。

　　菜单栏：Geomagic Studio 软件对数字模型的操作分成的若干模块，每一模块均包括不同的操作指令。

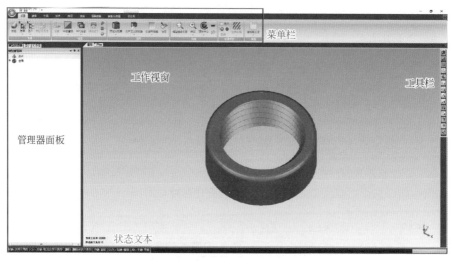

图3.6 Geomagic Studio软件界面图

工具栏：软件中大多数对于模型数据的操作命令皆出自此模块。

管理器面板：软件中对于操作步骤留存与管理的面板。

工作视窗：观察和修改模型数据的操作空间。

状态文本：显示当前工作状态及快捷键操作提示。

① 视窗 包含软件中几类基本观察模式，以及基本参数设定、导航设定等工具，如图 3.7 所示。

图3.7 视窗功能模块菜单

② 选择 汇总了通过软件的各种算法对当前状态下的模型数据进行区域自动选择以及辅助手动选择的各类工具，如图 3.8 所示。

图3.8 选择功能模块菜单

③ 工具 对三维模型进行数据创建与物理属性修改的各类工具汇总，如图 3.9 所示。

④ 对齐 基于三维扫描模块使用的几种对齐工具的汇总，如图 3.10 所示。

图3.9　工具功能模块菜单

图3.10　对齐功能模块菜单

⑤ 特征　可创建并修改几种基本图形及图形元素，如图 3.11 所示。

图3.11　特征功能模块菜单

⑥ 曲线　可创建并修改几种基本曲线及元素，也可基于实体模型轮廓创建投影曲线，如图 3.12 所示。

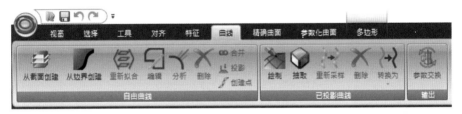

图3.12　曲线功能模块菜单

⑦ 精确曲面　菜单界面如图 3.13 所示。

图3.13　精确曲面功能模块菜单

⑧ 参数化曲面　菜单界面如图 3.14 所示。

⑨ 多边形　对于模型多边形状态的修改、优化等工具的汇总，如图 3.15 所示。

图3.14 参数化曲面功能模块菜单

图3.15 多边形功能模块菜单

（2）Geomagic Studio 软件基本操作

① 常用鼠标操作（表 3.1）

表 3.1 常用鼠标操作

按键	功能
左键	（1）单击选择用户界面的功能键和激活对象的元素 （2）单击并拖拉激活对象的选中区域 （3）在一个数值栏里单击上下箭头来增大或减小数值
Ctrl+ 左键	取消选择的对象或者区域
Alt+ 左键	调整光源的入射角度和亮度
Shift+ 左键	当同时处理几个模型时，设置为激活模型
滚轮 / 中键	（1）缩放视窗对象任一部分，把光标放在要缩放的位置上并使用滚轮 （2）把光标放在数值栏里，滚动滚轮可以增大 / 缩小数值 （3）单击并拖动对象在视窗里旋转 （4）单击并拖动对象在坐标系里旋转
Ctrl+ 中键	设置多个激活对象
Alt+ 中键	平移
Shift+Ctrl+ 中键	移动模型
右键	单击获得快捷菜单，包括一些使用频繁的命令
Ctrl+ 右键	旋转
Alt+ 右键	平移
Shift+ 右键	缩放

② 常用快捷键（表 3.2）

表 3.2 常用快捷键

快捷键	命令
Ctrl+N	文件→新建
Ctrl+O	文件→打开
Ctrl+S	文件→保存
Ctrl+Z	编辑→撤销

快捷键	命令
Ctrl+Y	编辑→重选
Ctrl+T	编辑→选择工具→矩形
Ctrl+L	编辑→选择工具→线条
Ctrl+P	编辑→选择工具→画笔
Ctrl+U	编辑→选择→订制区域
Ctrl+V	编辑→只选择可见
Ctrl+A	编辑→全选
Ctrl+C	编辑→全不选
Ctrl+D	视图→拟合模型到视窗
Ctrl+F	视图→设置旋转中心
Ctrl+R	视图→重新设置→当前视图
Ctrl+B	视图→重新设置→边界框
Ctrl+X	工具→选项
Ctrl+Shift+X	工具→宏→执行
Ctrl+Shift+E	工具→宏→结果
F1	帮助→这是什么？（放置光标在需求帮助的命令上，然后按 F1）
F2	视图→对象→隐藏不活动的项

3.2 点云数据处理核心技能

点云数据处理的主要任务是将三维扫描过程中所得到的点的集合，通过手工操作和软件运算的方式，进行杂点与噪点的去除，调整采样值，修补与优化点云数据，以及将点云数据封装成三角面片整体。具体操作流程如图 3.16 所示。

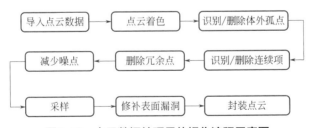

图3.16 点云数据处理具体操作流程示意图

在实际的操作中，由于三维扫描技术所提供物体的结构、数据的精度等信息存在较大差异，因此，当我们在面对不同形式点云数据的时候，就需要对上述操作流程进行精简。通过精炼，"封装点云数据""修复三角面片"和"重构坐标系"这三个步骤是处理点云数据全部过程中最核心的操作，我们也会针对性地进行讲解。

封装点云数据的目的是将三维扫描过程所得到的物体点云数据
转换成三角面片，所用面片数量越少，扫描数据质量越差，对电脑性能的要求就
越低；面片数量越多，扫描数据质量越好，对电脑性能要求越高。我们要在保证
扫描数据质量的前提下简化数据。在此过程中，需要经过四个必要的过程，分别
是"着色点""去除杂点""平滑点云排布"和"封装点云"，如图3.17所示。

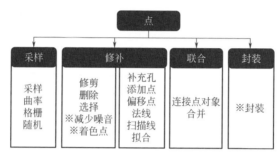

图3.17　"点"的处理

（1）着色点

刚载入 Geomagic Studio 软件的点云文件数据中，构成物体的所有数据点都以
黑色点云的状态呈现，非常不利于观察与操作。为方便后续对于点云数据的观察、
选取与优化，需要改变原始点云的颜色和亮度。

可执行【点】→【修补】→【着色点】操作，软件将自动更改原始点云数据
的颜色，如图3.18所示。

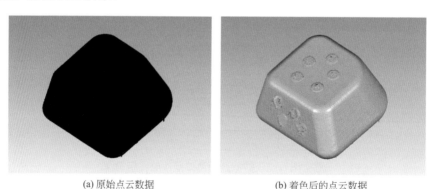

(a) 原始点云数据　　　　　　　　(b) 着色后的点云数据

图3.18　着色点

（2）去除杂点

① 手动删除体外杂点　滚动鼠标滚轮放大物体局部的点云数据，可以清楚

看到物体周围存在着大量处在离散状态的点云，这是三维扫描过程中识别到的环境或周边物体残留，对于后续点云封装的计算会有很大的负面影响，因此需要通过手动删除的方式进行去除。可使用软件【快速选择栏】中的【套索】工具，选中体外杂点，选中的点会呈现红色状态，然后使用键盘 Delete 按键进行删除，如图 3.19 所示。

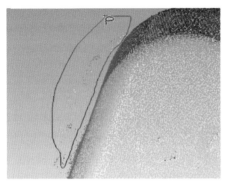

图3.19　选择/删除体外杂点

② 断开组件连接　【选择非连接项】命令通常用来评估点云数据中各点的相互关系。可执行【点】→【选项】→【选择非连接项】步骤，打开参数面板进行操作，如图 3.20 所示。软件会自动识别出点云数据中各个点组之间的距离和组件的尺寸，然后自动选取出与其他点组距离较远的一组点。操作时，可根据具体情况来判断是否需要保留这些点，若不需要，可直接使用键盘中的 Delete 按键进行删除。

③ 删除体外孤点　【选择体外孤点】是常用的删减和优化点云的命令，一般会通过它来选择点云数据中与其他多数点保持一定距离的点。可执行【点】→【选项】→【选择体外孤点】步骤，打开参数面板进行操作，如图 3.21 所示。选中偏离主体点云较远的点，这些被选择的点通常属于扫描过程中误识别到的噪点。可通过设置【敏感性】来控制选择点云的范围。数值越大，其敏感程度越大，所选择的点的数量就会越大；反之，数值越小，选择点的数量也就越小。最后根据实际需要判断是否删除，可直接使用键盘中的 Delete 按键进行删除。

图3.20　【选择非连接项】参数面板　　图3.21　【选择体外孤点】参数面板

（3）平滑点云排布

当完成了对原始三维扫描物体点云数据精简的过程之后，就需要对余下的优质点组的排布进行优化，这就需要用到【减少噪音】这个命令，如图3.22所示。

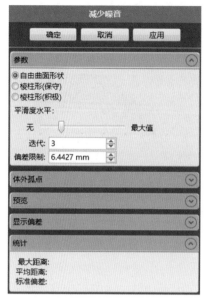

图3.22 【减少噪音】参数面板

【减少噪音】的目的是将原始点云数据中由于扫描过程中的误差，致使点云密度出现严重排布问题的点的位置进行纠正，将部分有明显问题的点移动至相对正确的位置，这样可以使点云的排列更加平滑。

在【减少噪音】参数面板中存在三种模式，分别是【自由曲面形状】【棱柱形（保守）】【棱柱形（积极）】。通常需要根据所选择的自由曲面形状来判定所选模式是保守型还是积极型。

● 【自由曲面形状】适用于以自由曲面为主的模型，此种方式可极大降低噪点对曲面曲率的影响。

● 【棱柱形（保守）】适用于边缘有锐利边角的模型，保留模型边缘过渡中的尖角等特征。

● 【棱柱形（积极）】这个偏差值仅限于棱角，"保守"对棱角没有优化，"积极"对棱角有优化。

● 【平滑度水平】用来设置点云数据表面平滑范围的参数，其数值越大，点云表面越平滑。请注意，一般情况下不要追求极致的点云平滑而将数值调至最大，而是需要考虑模型自身状况，因为点云的过渡平滑，易造成后续封装点云时模型精度降低。

● 【迭代】表示迭代的次数，可控制模型平滑程度，数值越大，将越能减少噪声，但会导致计算时间变长、软件计算量变大，因此应根据具体需要酌情选择。若处理较为简单且无较多表面细节的模型，则迭代次数并不需要很大，一般为1～5即可。

● 【偏差限制】用于设置对噪点的最大偏移值，通常数值小于0.5mm。

（4）封装点云

完成了所有对原始扫描物体点云数据的优化处理后，就需要对保留下来的优质点云进行"由点到面"的转化工作，从而将点集转变成由三角面片组成的物体，我们称之为"封装点云"。

在进行点云封装的过程中，仍然需要对参数面板进行基本的设置，设置面板包括了两个部分，分别是【设置】与【采样】，如图3.23所示。

- 【噪音的降低】作用与【减少噪音】相同。
- 【保持原始数据】用于保留原始点云的数据文件。
- 【删除小组件】可在生成三角面片之前，将多余的小规模点云进行删除。
- 【点间距】可控制各点之间的间距。
- 【最大三角形数】可以控制三角面片数量的最大值。

图3.23 【封装】参数面板

3.2.2 修复三角面片

修复三角面片是为了对刚刚封装成三角面片的模型数据做进一步表面处理，包括"补孔""表面处理"和"简化处理"这三个部分，主要内容如图 3.24 所示。

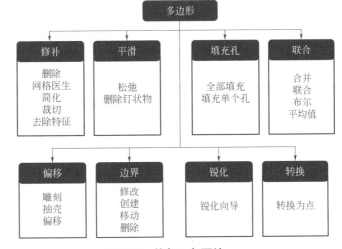

图3.24 修复三角面片

（1）补孔

① 填充方式　【曲率】填充孔可按照孔周边曲率的变化进行面片填充。完全曲面过渡的情况下，这种填充方式较为准确。填充的曲面与原模型曲面存在过渡时，可根据"斑马线"的光顺程度来确定填充曲面是否更符合原始曲面，如图 3.25 所示。

说明　通常会使用"斑马线"来检查模型表面光洁度。可观察黑线和白线之间的过渡是否圆润，若交接处无凹凸不平现象，则表明模型的光洁度较好；反之，则表明模型表面存在问题，需进一步优化。

(a) 曲率方式填充　　　　　　(b) "斑马线" 顶视图　　　　　　(c) "斑马线" 斜视图

图3.25　曲率方式填充效果

【切线】填充孔面片与周围面片曲率呈切线。类似圆柱曲面的半曲面过渡情况，使用这种填充方式较为准确，如图 3.26 所示。

(a) 切线方式填充　　　　　　(b) "斑马线" 顶视图　　　　　　(c) "斑马线" 斜视图

图3.26　切线方式填充效果

【平面】填充曲面相对平坦。一般用于平面填充，如图 3.27 所示。

(a) 平面方式填充　　　　　　(b) "斑马线" 顶视图　　　　　　(c) "斑马线" 斜视图

图3.27　平面方式填充效果

② 填充范围　选择【全部】可将整个孔直接全部填充。此命令通常应用于大曲面上相对较小的孔洞填充。孔洞小跨度就小，曲面大曲率变化就相对小，所以适合全部填充，如图 3.28 所示。选择【部分】，通过选择边界将整个孔分成多个孔进行多次填充。一般用于填充跨度较大、曲率变化不是很大的孔，如图 3.29 所示。

【桥接】命令通过选择点与点（或线到线），按照曲率延伸方式进行连接，将较为复杂的孔分成两个或多个简单的孔，再进行分别填充。一般用于处理较为复杂的孔洞或扫描缺失部分，将复杂的孔变为多个简单的孔进行分别填充，最后达到整体补充的效果，如图 3.30 所示。

(a) 原始模型孔洞   (b) 全部填充后

图3.28　全部填充

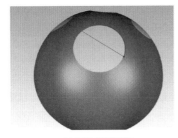

(a) 原始模型孔洞   (b) 模型部分填充后

图3.29　部分填充

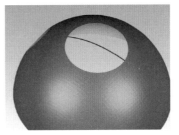

(a) 原始模型孔洞   (b) 桥接孔洞后

图3.30　桥接填充

③ 填充技巧

a. 标识点填充。通常，三维扫描的数据中粘贴标识点的位置，其孔洞边缘并不规则，呈凹凸不平状态。一般处理这种情况需要删除孔洞周边曲率不规则的三角面片，再进行填充补洞处理，如图 3.31 所示。在填充单个孔时，鼠标右键单击模型进入预览编辑界面，选择【选择边界】命令，点击孔的边缘，选区将自动向外延展，直到把不规则的三角面片完全覆盖为止，再进行删除。此时孔洞的边缘趋于平滑，在此基础上进行孔洞填充，效果更为顺滑，如图 3.32 所示。

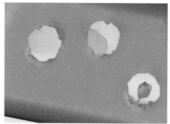

(a) 标识点造成的孔洞   (b) 删除孔洞边缘三角面片

图3.31　标识点填充（一）

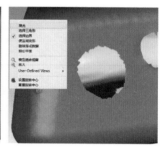

(a) 鼠标右键→选择边界   (b) 孔边缘选区扩大   (c) 删除选区并填充

图3.32　标识点填充（二）

b. 杂点孔洞填充。有时模型表面孔洞内部残留有很多细小三角面片，此时可优先删除这些悬浮的点，再逐一填充孔洞。鼠标右键点击模型进入预览编辑界面，选择所要删除的悬浮数据点直接删除，如图 3.33 所示。

(a) 存在杂点的孔洞   (b) 删除浮点数据   (c) 删除后的孔洞

图3.33　杂点孔洞填充

（2）表面处理

① 模型局部处理

a. 去除表面特征。在进行模型处理时，经常会发现模型表面有隆起的小包，这些特征并非模型自身的结构，而是由三维扫描过程中误识别的错误数据所致，需要加以清除。可选中隆起物及周边区域，通过曲率变化将多余部分进行优化，使之

更加平整，这需要使用到 【去除特征】命令。可执行【多边形】→【修补】→
【去除特征】操作，如图 3.34 所示。

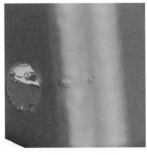
(a) 模型表面隆起

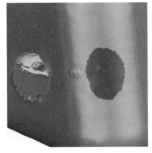
(b) 扩充隆起部分选区

(c) 修复后效果

图3.34　去除表面特征

b. 表面修复。同样的方法也可用来填补孔洞，或者对粘贴标识点过渡识别的
位置进行特征处理。选择较大的凸起物及周边区域，然后按 Delete 键，删掉不良
数据，然后使用【填充单个孔】命令来修复，如图 3.35 所示。

(a) 模型表面凸起

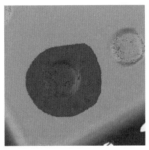
(b) 扩充凸起部分选区

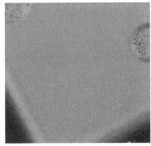
(c) 修复后效果

图3.35　表面修复

c. 法线翻转。三维扫描得到的数据时常会发生模型表面法线颠倒的状况，此
时可执行【修补】→【修复工具】→【翻转法线】命令，点击模型上任意一点，
然后点击【确定】，将模型的法线进行修正，如图 3.36 所示。

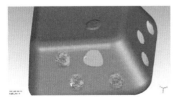
(a) 正常模型

(b) 法线发生反转错误

图3.36　法线翻转

Geomagic Studio 软件中，正常的模型表面呈蓝色，而发生法线翻转错误时，模型表面一般呈现黄色。

② 模型整体处理

a. 删除钉状物。【删除钉状物】命令通常在模型表面出现单点尖峰等问题时使用。执行【多边形】→【平滑】→【删除钉状物】命令，对选中的模型问题区域进行优化处理。此功能可直接去除网格曲面上较大面积钉状三角面片，提高曲面精度，如图 3.37 所示。

注意，在使用此命令时，平滑的级别不宜过高，以免影响模型曲面的最终精度。

(a) 模型存在钉状物问题　　(b) 去除模型表面钉状物

图3.37　删除钉状物

b. 减少噪音。【减少噪音】命令可以较好地处理模型表面的粗糙纹理。可执行【多边形】→【平滑】→【减少噪音】命令，将模型表面粗糙的纹理进行平滑，如图 3.38 所示。

(a) 使用前模型表面粗糙　　(b) 使用后模型表面光滑

图3.38　减少噪音

（3）简化

【简化】命令可以减少模型表面的三角面片数量而不影响模型曲面细节及精度。

说明　构成模型三角面片的数量决定了模型整体数据文件的大小，三角面片越多文件就越大，软件运转的速度就会越慢，因此一定要控制模型的三角面片数量，尽可能将其控制在一定数量范围之内。

通常在使用【简化】命令时，建议选择【三角形计数】模式。因为这种计算模式是以构成完整模型百分比的方式来进行等比增加或减少，相对较为均匀，如图 3.39 所示。

图 3.40 展现了模型三角面片简化前后文件大小的情况。可以明显看出，简化后的模型文件，其三角面片的数量与文件的大小接近原始数据文件的一半。

图3.39　【简化】参数面板

(a) 原始文件数据信息　　　　　(b) 简化后文件数据信息

图3.40　简化前后对比

3.2.3 重构坐标系

刚优化完成的三角面片模型并不能直接用于 CAE 制造，因为此时的模型在三维空间中的坐标尚处于混乱状态，即 x、y 和 z 轴与空间三维坐标不匹配。导入不同三维软件中，模型会处于颠倒状态，需进行人为坐标系重构，重新定义不同平面的轴向关系。这就是所谓的"重构坐标系"。

重构坐标系需经过以下两个环节，分别是"构建平面"和"建立坐标系"。

（1）构建平面

在 Geomagic Studio 软件中，常用的重构物体三维坐标系的方法有以下三种，即"最佳拟合""对称"和"通过三点构建平面"。在具体操作时，应选择适合的方式。

① 最佳拟合　是根据所选的模型区域，拟合出一个与其最为形近的平面，其目的是希望以原始模型表面为基础，创建新的曲面模型来替换原有模型。创建步

骤如图 3.41 所示，具体如下：

a.选择拟合命令。可执行【特征】→【创建】→【最佳拟合】命令进行曲面创建。

b.创建拟合曲面。选择模型表面需要拟合的部分，选取时尽可能在同一平面中分散选择，如选取多个角落和中间位置，切记不要框选全部面片。

c.校正拟合曲面。观察创建的平面与原始模型曲面的拟合程度，拟合度越高，所还原的模型精度越高。

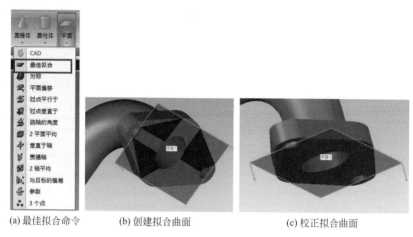

(a) 最佳拟合命令　　　　(b) 创建拟合曲面　　　　　(c) 校正拟合曲面

图3.41　创建最佳拟合

② 对称　　【对称】命令通常用于处理相对标准的几何图形，通过所选择的平面来自动计算并创建关于工件的对称面。选择近似对称的平面，然后旋转 x、y 相对应的轴以及移动相对应的距离，使操作过后的平面近似为扫描数据的对称平面，然后选择【应用】进行电脑计算得出对称的平面，如图 3.42 所示。

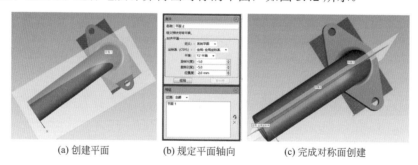

(a) 创建平面　　　　　(b) 规定平面轴向　　　　　(c) 完成对称面创建

图3.42　创建对称面

a.创建平面。选择物体最接近对称中心的平面创建基点，可执行【特征】→【创建】→【对称】命令进行曲面创建。

b.规定平面轴向。规定创建平面的轴向，可对其进行角度旋转，以便计算机自动匹配物体中心位置。

c. 创建完成。点击【应用】，计算机以确定后的平面为基础进行对称计算，创建精准的对称平面。

关于创建对称平面的小技巧：可以使用第一次对称计算出来的对称平面进行二次计算，得到一个相对更精准的对称平面。

③ 通过三点构建平面　通过平面上三点创建拟合面也是常用到的创建拟合面的方式，如图3.43所示，具体操作步骤如下：

a. 选取建模工具。可执行【特征】→【创建】→【3个点】命令。

b. 确定创建面位置。鼠标分别点击同一个平面的3个不同的点，尽可能让这3个点分散在整个平面上。

c. 创建拟合面。点击【应用】查看所创建的平面与原始模型面片的拟合程度，符合要求则可以点击【确定】。

(a) 参数面板　　　　(b) 选择模型表面3点　　　　(c) 创建平面

图3.43　通过三点构建平面

（2）建立坐标系

在新建的平面上创建三维空间内的世界坐标是数据处理的最后一步，也是所有模型统一规格的重要一环。可执行【对齐】→【对象对齐】→【对齐到全局】命令，将上述步骤所建立的平面与三维空间坐标进行轴向匹配。具体操作步骤如下：

固定：全局——为世界坐标系。

浮动：名字——为创建的特征平面。

选择两个相对应的平面（如固定：xy平面，浮动：平面1），创建对使浮动平面移动，靠向固定坐标系，从而使数据处于世界坐标系之上所需的位置。可以使用【翻转平面】调整平面坐标的正负方向。当两个平面确定之后点击【确定】即可保存。

① 打开坐标系参数面板　使用【对齐】→【对象对齐】→【对齐到全局】命令，在【固定：全局】里选择想要替换的世界坐标系，在【浮动】里选择之前所创建的平面。

② 创建对　于参数面板【对】中将浮动的平面与固定的平面设置一致，如图 3.44 所示。

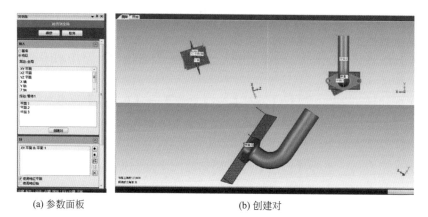

(a) 参数面板　　　　　　　　　　　(b) 创建对

图3.44　坐标系建立（一）

③ 翻转平面　确定平面的正方向是否符合要求，若不符合则可使用【翻转平面】命令修改平面方向，如图 3.45 所示。

④ 创建其他平面坐标。

(a) 翻转平面　　　　　　　　　(b) 完成坐标系配对

图3.45　坐标系建立（二）

3.3　专项训练

3.3.1　案例 01："花洒"点云处理

（1）案例说明

"花洒"是最常见的家用淋浴装置，类似的作品结构虽然简单，但是在日常工作中，甚至是相关逆向设计建模大赛中，经常会被安排制作。由于其结构简单、易学，所以安排在本案例中。

（2）操作流程（图3.46）

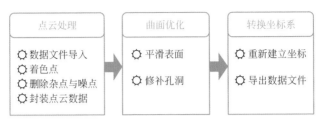

图3.46　"花洒"点云处理操作流程

（3）操作过程

步骤01：数据文件导入

① 导入点云数据　打开 Geomagic Studio 软件，点击【软件图标】→【打开】，选择 asc 格式的点云数据，如图 3.47 所示。

(a) 选择打开的模型　　　　　　(b) 导入模型数据

图3.47　导入点云数据

② 预设软件参数　采样比率选择 50%。"花洒"的文件数据中并无特别细小的特征，因此可以适当降低比率。另外勾选【保持全部数据进行采样】，确保应用于全部的"花洒"数据，确认当前的单位为 Millimeters（毫米）即可，如图 3.48 所示。

步骤02：着色点

点击 ，改变点云的整体亮度，便于之后操作。着色效果如图 3.49 所示。

步骤03：删除杂点与噪点

(a) 模型导入数据采样率　(b) 预设操作单位(毫米)

图3.48　预设软件参数

① 删除非连接点束　点击【选择】→【选择非连接项】，【分隔】修改为【低】，【尺寸】为 5.0，点击【确定】，计算完成后使用键盘 Delete 键删除选中的分

离点，如图 3.50 所示。

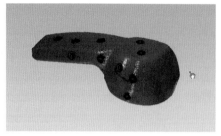 

(a) 导入的原始模型数据　　　　　　　　　　(b) 着色后的模型数据

图3.49　设置着色点

② 删除体外孤点　选择体外孤点，【敏感性】修改为 85.0（可根据自身需求进行修改），点击【应用】，计算并选择模型体外的独立点，点击【确定】，使用 Delete 删除选中的孤点，如图 3.51、图 3.52 所示。

图3.50　删除非连接点束　　　　　　　　**图3.51　删除体外孤点**

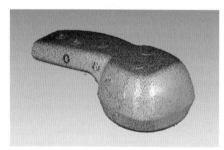 

(a) 选中体外孤点　　　　　　　　　　(b) 删除体外孤点后

图3.52　删除体外孤点前后效果对比

③ 减少噪音　由于模型数据表面完整但欠光滑，可选择【减少噪音】→【棱柱形（积极）】，【迭代】为 5，【偏差限制】为 0.2mm，点击【应用】，等待计算完成点击【确定】即可，如图 3.53 所示。

步骤 04：封装点云数据

选择【封装】，【噪音的降低】为【自动】，勾选【保持原始数据】与【删除小组件】，点击【确定】，将点云封装为由三角面片组成的模型，如图 3.54 所示。

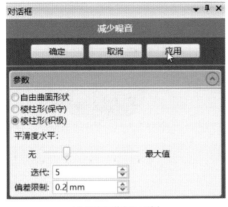

(a)【减少噪音】面板

(b) 被应用的模型数据

图3.53　减少噪音

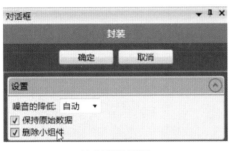

(a)【封装】面板

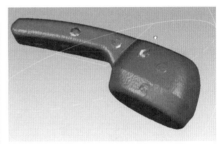

(b) 封装后的模型数据

图3.54　封装点云数据

步骤05：平滑表面

① 删除钉状物　进入【多边形】界面，选择【删除钉状物】，【平滑级别】设为90，点击【应用】，待计算完成，选择【确定】，如图3.55所示。

(a)【删除钉状物】面板

(b) 删除钉状物后的模型数据

图3.55　删除钉状物

② 再次减少噪音　由于模型面片的整体数据相对平整且过渡尚光滑，可选择【减少噪音】→【棱柱形（积极）】，【迭代】为3，【偏差限制】为0.2mm，点击【应用】，等待计算完成点击【确定】即可，如图3.56所示。

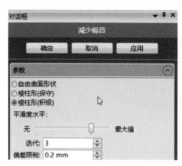
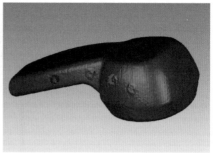

图3.56　多次执行减少噪音操作

步骤06：修补孔洞

① 关闭背景模式　于右侧工具栏中选择【关闭背景模式】，在选择模型区域时，避免不必要的选择，同时单击【套索工具】作为选择工具。

② 选择孔洞周围区域　将孔周围不规则的面片框选，注意不要选中特征区域面片（如倒角、凹槽、凸台等），如图3.57所示。

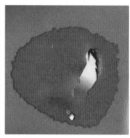

图3.57　选择不同孔洞范围

③ 删除浮点数据　使用键盘Delete键删除后，选择【填充单个孔】命令，右键点击空白界面，于弹出对话框中选择【删除浮点数据】，将孔内部残留的浮点数据删除，如图3.58所示。

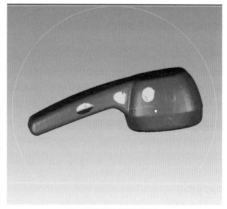

(a) 删除数据面板　　　　　　　　　　(b) 删除后的模型效果

图3.58　删除浮点数据

④ 修补孔洞　分别选择孔洞，选择【按曲率填充】，分别将它们进行填充即可，如图 3.59 所示。填充完毕，再次点击【填充单个孔】退出命令。

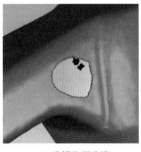
(a) 选择孔洞边缘

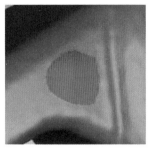
(b) 填补孔洞

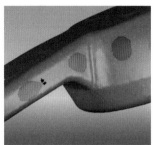
(c) 填补多重孔洞

图3.59　修补孔洞

步骤 07：重新建立坐标

说明　由于此案例模型呈现左右镜像对称特点，因此在扫描阶段，我们已经确定了曲面重构策略，即：尽可能把标识点贴到曲率变化较小的位置，在创建对称面时尽量选取没有贴标识点的数据。

① 选择拟合命令　切换至【特征】模块，选择【平面】→【最佳拟合】命令。选择"花洒"顶部内侧平面框为平面，点击【应用】即产生一个平面，若新平面与面片拟合程度较高，则可以点击【确定】，反之则需点击【取消】，重新选择面片进行拟合，如图 3.60 和图 3.61 所示。

② 创建对称平面　使用【平面】→【对称】创建平面，如图 3.62 所示。选择较为对称的平面，再进行旋转和位置的调整，不一定要很精准，大致位置即可，也可以通过草图绘制得到，然后点击【应用】，电脑会自动计算拟合，生成精准的对称面，如图 3.63 所示。为使所创建的对称平面更加精确，对称的操作可反复进行数次。

图3.60　选择拟合命令

③ 与【世界坐标系】对齐　选择【对齐】模块，选择【对齐到全局】，让世界坐标系与制作的平面进行合并，如图 3.64 所示。选择【输入】→【特征】，【固定：全局】→【XY 平面】，【浮动：花洒】→【平面 1】，点击【创建对】，如图 3.65 所示。

④ 翻转平面　左侧下方【对】的工作栏内，显示刚生成的平面匹配关系，此时观察中间下半部分区域，平面正方向是否与自己想要的结果一致，若不一致可以使用【翻转平面】命令，更改其平面的正方向，如图 3.66 所示。同理，将"YZ

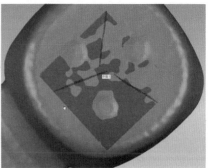

图3.61　创建平面

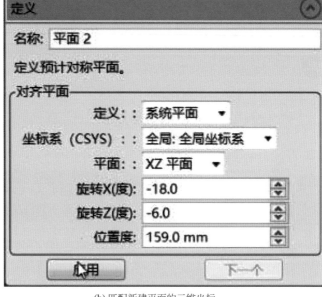

(a) 对称面板　　　　　　　　　　(b) 匹配新建平面的三维坐标

图3.62　创建对称平面

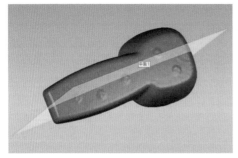
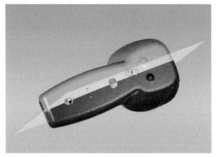

(a) 对称应用前　　　　　　　　　　(b) 对称应用后

图3.63　对称应用效果对比

平面"（或"XZ 平面"），与"平面 3"创建【对】，将对称平面与 yz 平面匹配合并，平面正方向可以根据实际需要进行修改。

图3.64　对齐到全局

(a) 平面配对过程

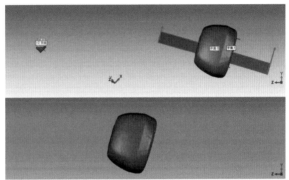

(b) 三维坐标配对过程

图3.65　平面配对

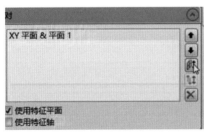

(a) 配对面板

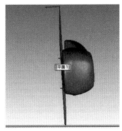

(b) 配对中的模型

图3.66　翻转平面

步骤 08：导出数据文件

选择左上角【图标】→【另存为】→【STL（ASCII）文件（*.stl）】→【保存】，如图 3.67 所示。

（4）制作小结

"花洒"案例的制作，具有比较典型的代表性，明确展示了从原始的"点云"数据信息转换成为相对完整的 stl 格式的"面片"模型文件的流程。可通过案例 02 做进一步训练。

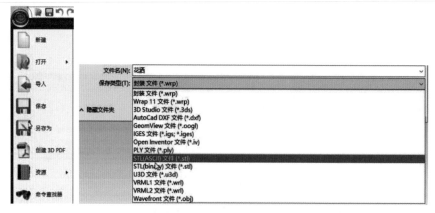

图3.67　导出模型数据文件

案例02："梯形块"点云处理

（1）案例说明

由于案例01中，从三维扫描的点云数据转换成"面片"模型的过程已经比较完整，所以以下我们对于"梯形块"案例的制作，只节选重要的环节与步骤。如需详解，请参见操作视频。

（2）操作流程（图3.68）

图3.68　"梯形块"点云处理操作流程

（3）操作过程

步骤01：点云处理

① 导入点云数据　打开 Geomagic Studio 软件，点击【打开】→选择 asc 格式点云数据，采样比率选择50%，统一数据单位为 Millimeters（毫米），如图3.69所示。

② 着色点　点击 [图标]，改变点云的整体亮度，如图3.70所示。

③ 删除杂点与噪点　手动框选体外多余的杂点，按 Delete 键进行删除，随后使用【删除体外孤点】和【选择非连接项】工具，对剩余的杂点与噪点进行选择，依然使用 Delete 键进行删除，如图3.71所示。

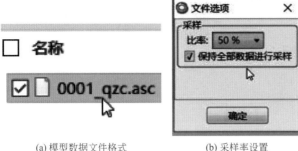

(a) 模型数据文件格式　　　　(b) 采样率设置　　　　(c) 统一单位(毫米)

图3.69　导入点云数据

(a) 导入原始模型数据　　　　　　　(b) 着色后的模型数据

图3.70　着色点

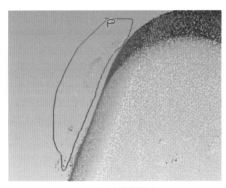

(a) 框选数据噪点　　　　　　　　(b) 被选择上的数据噪点

图3.71　删除杂点与噪点

④ 封装点云数据　选择【封装】，设置【噪音的降低】为【自动】，勾选【保持原始数据】，勾选【删除小组件】，点击【确定】，将点云封装为由三角面片组成的模型，如图 3.72 所示。

(a)【封装】参数面板

(b) 模型数据封装前

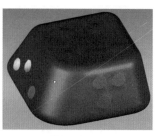

(c) 模型数据封装后

图3.72　封装点云数据

步骤02：曲面优化

① 平滑表面　进入【多边形】界面，选择【删除钉状物】，适当调节【平滑级别】，点击【应用】，待计算完成，选择【确定】，如图3.73所示。

(a) 模型表面的钉状物

(b) 设置平滑级别

图3.73　平滑表面

② 修补孔洞　分别选择孔洞，选择【按曲率填充】，分别将他们进行填充即可，填充完毕，再次点击【填充单个孔】退出命令，如图3.74所示。

(a) 扩展孔洞边缘

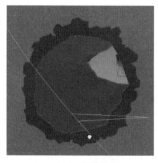

(b) 选择孔洞边缘

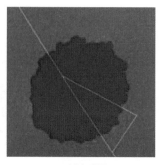

(c) 填充孔洞

图3.74　修补孔洞

步骤03：转换坐标系

① 重新建立坐标系　切换至【特征】模块，选择【平面】→【最佳拟合】命令，选择"梯形块"上表面为基础面，随后在【对齐到全局】选择相应的面作为

基底，注意选择方向，如图 3.75 所示。

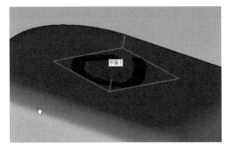
(a) 创建拟合面

(b) 反转拟合面方向

图3.75　重新建立坐标系

② 导出数据文件　选择左上角【图标】→【另存为】→【STL（binary）文件（*.stl）】→【保存】，如图 3.76 所示。

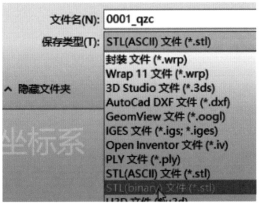

图3.76　导出模型文件

（4）制作小结

"梯形块"作为入门级的操作实例，可以让读者更全面地掌握从点云数据到封装模型的全流程。

第4章

模型重构

扫描二维码
观看视频

本章的学习重点聚焦通过 Geomagic Design X 软件来实现从曲面模型向实体模型的转化，通过面片拟合创建更加贴合原始模型的表面，并且通过精度分析等工具来评估拟合的效果，从而实现高精度的模型重构。

本书的制作流程只利用 Geomagic Design X 软件强大的重构相关的命令，而不涉及其他模块内容。

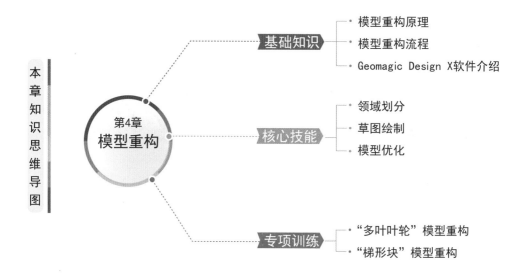

重点与难点

➡ 学习并掌握创建重构曲面的顺序以及思路

➡ 学习并掌握提高重构曲面光顺度的技巧

➡ 根据逆向精度要求设计模型重构方案

4.1 基础知识

4.1.1 模型重构原理

模型重构是整个逆向工程中最重要的一个环节，是本书中所要重点阐述的内容。因为无论采取何种现代化数字制造手段进行造物，都需要三维数字模型作为基础文件，在制造加工前进行大量的结构分析、力学分析，并以此作为数控成型、快速成型等制造工艺中必不可少的数字化材料。可以这么说，重构的 CAD 模型是整个逆向工程的核心产出物之一，是我们逆向工程的重要目标。

我们已经通过相关软硬件实现了对于物体扫描数据的采集与处理，实现了从模型"点云"向曲面模型的转变。然而，此时得到的模型文件仅仅是一个 stl 格式的非可再编辑模型文件，仍然无法满足制造工艺流程的需要，这就意味着需要将其变成可重复利用的标准数据文件——这就是"模型重构"的核心要务。模型重构效果展示如图 4.1 所示。

用于逆向工程的软件种类有很多，如 Imageware、Geomagic、Rapidform、CopyCAD、Paraform 等，这些设计软件均有强大的逆向功能。随着软件的不断发展，其各项功能会有突飞猛进的发展，本书选取 Geomagic Design X 软件中关于模型重构部分作为逆向工程的一部分进行讲解，就是因为其智能的算法极大减少了人们的手动操作，可以更加准确地实现模型区域的划分等步骤，提高工作的效率。

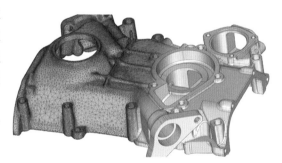

图4.1　模型重构效果展示图

4.1.2 模型重构流程

在使用 Geomagic Design X 软件对逆向处理后的模型数据进行模型重构时，主要会经过以下五个环节，分别是"领域组划分""创建参考图形""草图绘制""创建实体模型"和"模型优化"，如图 4.2 所示。

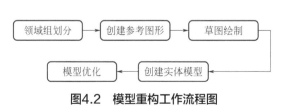

图4.2　模型重构工作流程图

（1）领域组划分

当曲面模型导入至软件中时，Geomagic Design X 软件可自动根据曲面模型表面的相似程度进行区域的划分，形成多个不规则的面片，这就为后续面片的合并、分离、插入、扩大和缩小等操作提供了基础，如图4.3所示。这一点也是此软件与其他同类型软件相比最大的优势所在，极大减少了人们手动模型分区的操作，提高工作效率。

(a) 原始模型   (b) 自动划分领域组

图4.3　领域组划分

（2）创建参考图形

软件根据对曲面模型表面的分区做进一步的处理工作，如提取和分离平面、偏移平面等操作，提取和分离曲线、偏移曲线等，如图4.4所示。

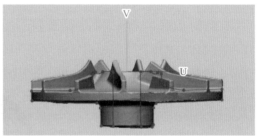

(a) 提取模型曲线   (b) 投影曲线

图4.4　创建参考图形

（3）草图绘制

草图绘制是所有CAD软件的必备功能，其主要作用就是在所定义的平面内绘制线段和封闭曲线，从而形成模型的截面，为平面转立体提供参考依据，如图4.5所示。

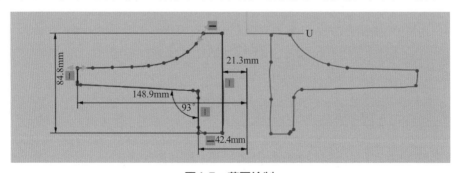

图4.5　草图绘制

（4）创建实体模型

当完成构造的平面内封闭曲线的绘制后，下一步则是通过"拉伸""旋转""放样""扫掠"等常用工具，将曲线转变成曲面，或者是将截面图转化成实体模型，如图 4.6 所示。

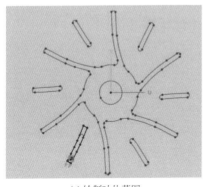

(a) 绘制叶片草图   (b) 草图拉伸成实体

图4.6　创建实体模型

（5）模型优化

刚刚创建好的实体模型仍存在很多的问题，如边缘过于尖锐、不符合现代的设计理念等，尚需做进一步的"倒角"或"圆角"等处理工作，另外也需要使用"镜像""阵列"等方法进行复制等操作，如图 4.7 所示。

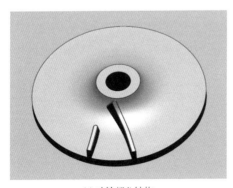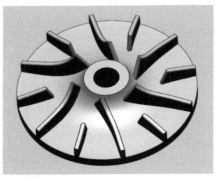

(a) 叶轮部分结构   (b) 圆形阵列

图4.7　模型优化

4.1.3 Geomagic Design X 软件介绍

Geomagic Design X 是一款功能强大的逆向工程软件，可提供扫描流程、扫描数据对齐、自动分割、参考几何图形、对齐到全局、建模工具、3D 草图、精确曲面等多种强大的功能，可提供全面的逆向工程解决方案，有效帮助使用者完成

CAD 模型的建模与优化环节，能够制作特征鲜明、可编辑的实体模型。

由于 Geomagic Design X 软件中包含比其他同类软件更方便快捷的命令，因此在本部分，我们仅使用 Geomagic Design X 软件介绍模型重构这部分工作流程，而对于 Geomagic Design X 软件中其他工具的具体使用细节并不做过多讲解，感兴趣的读者可选择软件工具书进行更深入学习。

Geomagic Design X 软件界面主要分成以下六个模块，分别是"菜单栏""工具栏""大纲视图""三维视窗""精度分析"和"状态栏"，如图 4.8 所示。

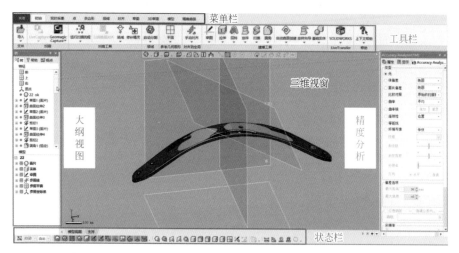

图4.8　Geomagic Design X软件界面图

菜单栏：根据 Geomagic Design X 软件对数字模型的操作分成若干模块，每一模块均包括不同的操作命令。

工具栏：软件中大多数对于模型数据的操作命令皆出自于此。

大纲视图：软件中对于操作步骤留存与管理的面板。

三维视窗：观察和修改模型数据的操作空间。

精度分析：模型自身属性的分析求解区域。

状态栏：调节与转换观察模型状态的操作命令集。

① 初始　按照类别选取了工具栏中不同模块常用的命令，如图 4.9 所示。

图4.9　初始

② 实时采集　自动连接 Geomagic 公司的三维扫描设备，如图 4.10 所示。

③ 领域　将面片模型表面进行区域划分，如图 4.11 所示。

图4.10 实时采集

图4.11 领域

④ 草图　绘制截面的工具，其中【面片草图】最为常用，其中所包含的两个命令注意区分，如图 4.12 所示。

a.【面片草图】→【面片草图】——需借助扫描数据绘制草图。

b.【面片草图】→【草图】——自定义绘制草图。

图4.12 草图

⑤ 3D 草图　绘制异形曲面的工具。

⑥ 模型　将平面图形转化成立体模型的常用工具集，如图 4.13 所示。

图4.13 模型

⑦ 对齐　通过对点、线、面的选取，可以定义扫描数据的坐标系，如图 4.14 所示。

图4.14 对齐

⑧ 精确曲面　通常用来处理复杂曲面模型，如人物雕像等艺术类作品。这类模型的特点是无法仅利用几个大面积曲面来构造模型，如图4.15所示。

图4.15　精确曲面

4.2　核心技能

Geomagic Design X软件自身就可以完成逆向工程的整个工作流程，但本书仅节选了模型重构这部分，且只用到了部分关键的命令。以下内容只对本流程中关键功能做详解，关键功能用 ※ 表示。

4.2.1〉领域

该部分功能如图4.16所示。

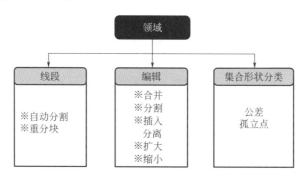

图4.16　领域部分主要功能

（1）自动分割

【自动分割】命令可通过自动识别模型数据的3D特征，实现特征领域的分类。选择模型后，执行【领域】→【线段】→【自动分割】操作，通过用不同颜色来表示分割出来的不同特征面，如图4.17所示。通常来说，此步骤可作为导入模型后的第一步操作。

（2）重分块

【重分块】命令可重新划分【自动分割】所产生的领域，通过调节面板中的【敏感度】等参数，重新界定面片区域，如图4.18所示。执行【领域】→【线段】→【重分块】操作即可调出参数面板。

(a) 参数面板

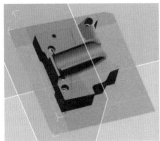
(b) 选择模型

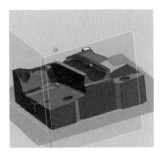
(c) 自动分割后

图4.17　自动分割

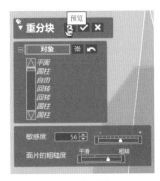
(a) 参数面板

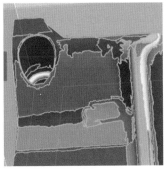
(b) 选择已有分区

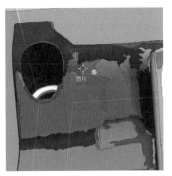
(c) 重新界定区域

图4.18　重分块

（3）合并

执行【领域】→【编辑】→【合并】操作，通过手动选区，可将两个或多个领域连接，如图 4.19 所示。

(a) 两块不同区域

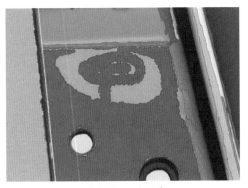
(b) 合并为一个区域

图4.19　合并

（4）分割

【分割】命令，执行【领域】→【编辑】→【分割】，可将已有的领域区域进行手动分割，如图4.20所示。

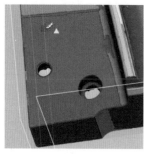
(a) 手动选择区域

(b) 选定区域

(c) 执行分割命令

图4.20　分割

（5）插入

【插入】命令，执行【领域】→【编辑】→【插入】，可通过选择区域手动添加新的领域区域，如图4.21所示。

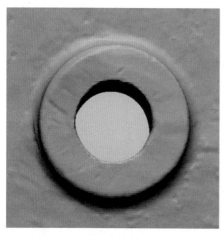
(a) 原始模型

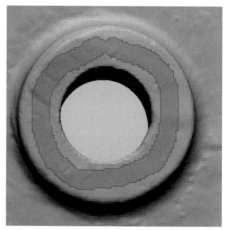
(b) 手动插入领域

图4.21　插入

（6）扩大与缩小

【扩大】/【缩小】命令，执行【领域】→【编辑】→【插入】，可以扩大或缩小所选择的领域范围，如图4.22所示。

4.2.2　草图

草图绘制是 Geomagic Design X 软件中非常核心的建模工具之

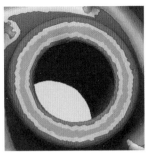

| (a) 原始范围 | (b) 扩大范围 | (c) 缩小范围 |

图4.22 扩大与缩小

一，其作用是通过绘制截面图的方式来构造三维模型。由于逆向建模通常是在已有模型参考的情况下进行的，因此有"草图"和"面片草图"两种方式来制作，前者就是 CAD 软件常见的自定义草图绘制命令，后者则需要通过已有模型来进行参考绘制。下面我们以平面和曲面两种草图绘制的专项训练方式进行讲解，避免只描述命令而忽略了使用技巧。

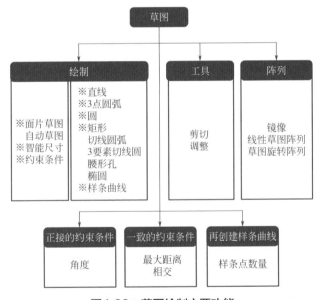

图4.23 草图绘制主要功能

（1）草图绘制综合训练 01：平面草图绘制

① 投影曲面　导入模型零件，执行【草图】→【面片草图】→选择零件 xy 平面→拖动零件底面沿 z 轴向上移动→点击【ok】，如图 4.24 所示。

② 绘制整体轮廓　执行【绘制】→【矩形】命令，沿零件投影曲线进行绘制；点击【绘制】→【智能尺寸】→选中矩形两端线段，约束尺寸，点击【确认】，如图 4.25 所示。同理，将矩形上下两端线段进行统一，可参看【Accuracy Analyze】

与原模型线段边缘的偏差值，执行【Accuracy Analyze】→【偏差】→光标移至原模型尺寸边缘，通过偏差值的颜色，可判断所绘制曲线与原模型的匹配程度，根据制作精度需要进行调整，如图 4.26 所示。

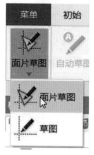
(a) 选择工具

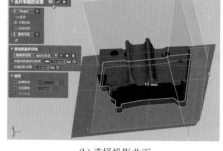
(b) 选择投影曲面

(c) 投影出的曲面

图4.24　投影曲面

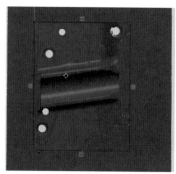
(a) 绘制矩形

(b) 进行尺寸约束

图4.25　绘制整体轮廓

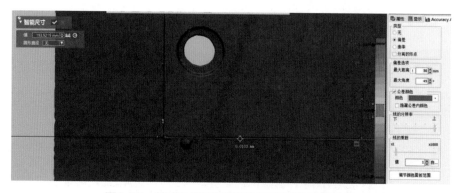

图4.26　精度分析绘制线段与原模型线段匹配度

③ 绘制左侧轮廓　执行【绘制】→【直线】命令，沿模型边缘绘制直线，空

白处双击鼠标确定线段；点击【绘制】→【3点圆弧】→选取投影圆弧曲线，如图 4.27 所示。选择圆弧曲线后，按住 Ctrl 双击要约束的直线，打开约束面板选择【相切】，点击【ok】；执行【工具】→【剪切】→【相交分割】命令，单击多余线段进行删除，约束圆弧尺寸，如图 4.28 所示。同理，完成线段下部分圆弧。执行【工具】→【调整】命令，将圆弧向外侧延伸，再使用【工具】→【剪切】→【分割】，删除多余线段，左侧与坐标轴进行距离约束，如图 4.29 所示。

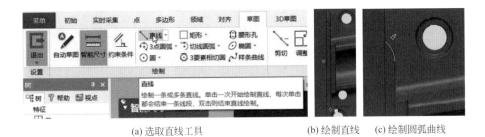

(a) 选取直线工具   (b) 绘制直线   (c) 绘制圆弧曲线

图4.27　绘制圆弧曲线

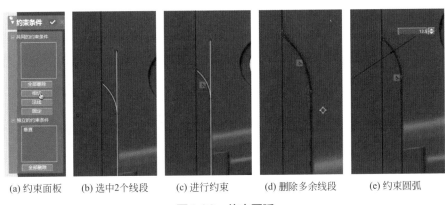

(a) 约束面板   (b) 选中2个线段   (c) 进行约束   (d) 删除多余线段   (e) 约束圆弧

图4.28　约束圆弧

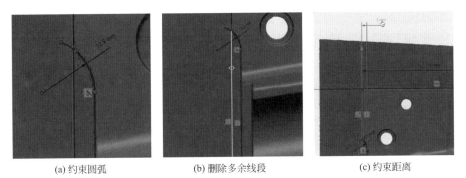

(a) 约束圆弧   (b) 删除多余线段   (c) 约束距离

图4.29　约束距离

④ 绘制右侧轮廓　执行【绘制】→【直线】命令，对右侧轮廓所有线段进行绘制，或单击已有投影曲线，执行【工具】→【剪切】。如果有相交的线段则执行【分割相交】，没有相交的直线则执行【相交剪切】，然后切除不需要的线段，如图 4.30 所示。

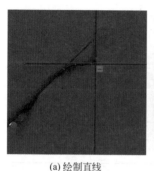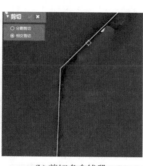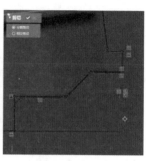

| (a) 绘制直线 | (b) 剪切多余线段 | (c) 完成切除 |

图4.30　切除多余线段

⑤ 修改距离约束　执行【工具】→【圆角】命令，同时选择矩形拐角处两条相交线段，鼠标拖拽圆角与投影曲面重合，给定约束值，如图 4.31、图 4.32 所示。草图绘制完成效果如图 4.33 所示。

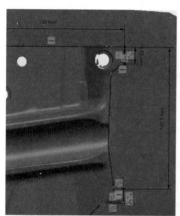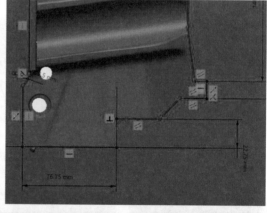

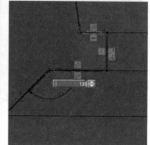

图4.31　约束各个圆弧

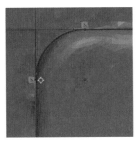
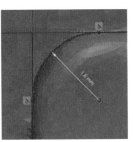

(a) 框选2条直线   (b) 执行圆角命令   (c) 约束圆角半径

图4.32　约束圆角半径

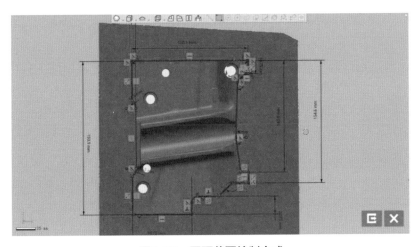

图4.33　平面草图绘制完成

（2）草图绘制综合训练 02：曲面草图绘制

① 投影曲面　导入模型零件，点击【面片草图】→【面片草图】→选择零件 xy 平面→拖动零件底面沿 z 轴向上移动→点击【ok】，如图 4.34 所示。

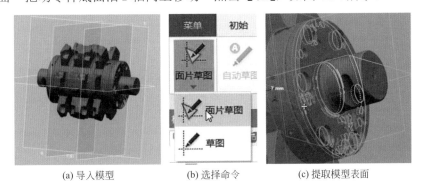

(a) 导入模型   (b) 选择命令   (c) 提取模型表面

图4.34　投影曲面

② 绘制轮廓　执行【绘制】→【圆】命令，沿零件投影曲线进行绘制；点击【绘制】→【智能尺寸】→选中圆形，约束圆形半径，点击【确认】，如图 4.35

所示。

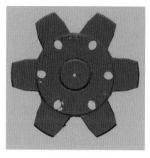

(a) 沿曲线投影

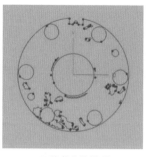

(b) 隐藏实体模型

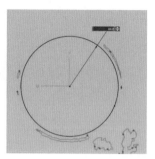

(c) 绘制圆形

图4.35　绘制轮廓

③ 锁定圆形位置　双击圆形→点击【固定】，将圆形锁定，如图 4.36 所示。

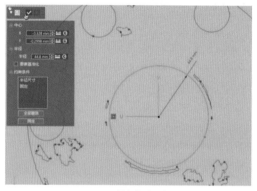

(a) 调出约束面板

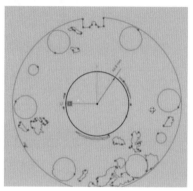

(b) 锁定圆心

图4.36　锁定圆形位置

④ 绘制小圆　执行【绘制】→【圆】，沿中心点继续绘制第二个圆；执行【绘制】→【智能尺寸】→选中圆形，约束尺寸，点击【确认】；执行【绘制】→【圆】→【外接圆】，绘制周边的小圆，如图 4.37 所示。

(a) 选取外接圆工具

(b) 绘制第二个圆

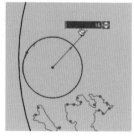

(c) 约束半径

图4.37　绘制小圆

⑤ 草图阵列　执行【阵列】→【草图旋转阵列】命令，更改【要素数】值，复制多个小圆形，如图 4.38 所示。

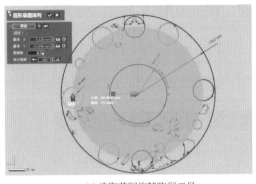

(a) 选取草图旋转阵列工具　　　　　　　(b) 阵列完成

图4.38　草图阵列

⑥ 完成制作　同理，绘制边缘更小一些的圆，给定约束范围，并复制出另一端小圆，如图 4.39 所示。

 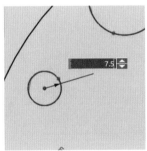 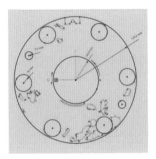

(a) 绘制小圆　　　　　　(b) 约束半径　　　　　　(c) 复制其他小圆

图4.39　复制另一端小圆

4.2.3　模型

本部分主要内容如图 4.40 所示。

（1）创建实体

① 拉伸　　【拉伸】命令，可将平面绘制的草图转换成立体模型。执行【创建实体】→【拉伸】，修改【长度】数值即可实现，如图 4.41 所示。

② 回转　　【回转】命令，可沿一个固定轴将草图截面旋转成立体模型。选择截面轮廓和固定轴的相交线段（轴），然后执行【创建实体】→【回转】命令，【方法】可执行"单侧方向"，如图 4.42 所示。

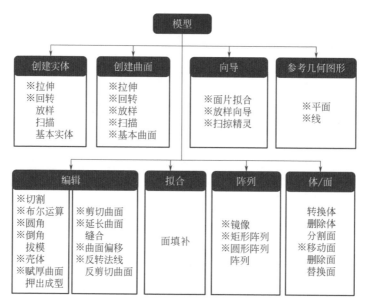

图4.40　模型部分主要功能

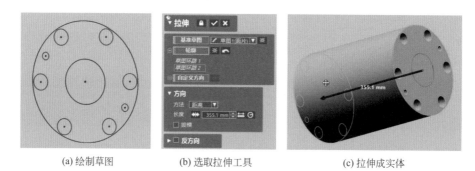

(a) 绘制草图　　　　(b) 选取拉伸工具　　　　(c) 拉伸成实体

图4.41　拉伸

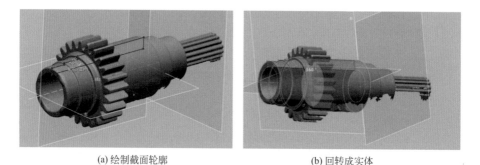

(a) 绘制截面轮廓　　　　　　　　(b) 回转成实体

图4.42　回转

（2）创建曲面

① 曲面拉伸　【曲面拉伸】命令，可将绘制的草图进行一定方向的拉伸，

来创建新的曲面。执行【模型】→【创建曲面】→【拉伸】命令即可实现，如图 4.43 所示。

【基准草图】用于选择绘制草图轮廓。

【自定义方向】不修改的情况下会自动按创建的草图平面的法线方向进行拉伸，如果需要修改，自行选择即可。

【反向】一般不做修改，如果绘制草图平面两侧都有数据，则可以勾选反方向，进行两个方向的拉伸。

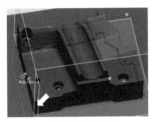 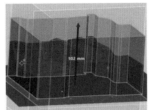 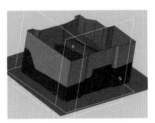

(a) 选择草图轮廓　　　　　(b) 向上拉伸曲面　　　　　(c) 拉伸后效果

图4.43　曲面拉伸

② 曲面回转　【回转】【曲面回转】命令通过曲线轮廓和回转轴来创建旋转曲面，如图 4.44 ~ 图 4.46 所示。执行【模型】→【创建曲面】→【回转】，在【基准草图】中选择绘制的旋转轮廓。【轴】选择回转中心轴线，之后会自动生成回转曲面，可修改【方法】内的选项，控制角度创建不同的旋转曲面。默认为【单侧方向】，【角度】为 360°。

(a) 绘制曲线轮廓　　　　　　　　　　　(b) 轮廓回转

图4.44　曲面回转（一）

注意，曲面旋转轮廓可以是未封闭轮廓。【平面中心对称】指以轮廓所在平面作为对称面，左右两侧旋转角度相互对称。

【两方向】指以轮廓所在位置为基准，两侧角度可以进行独立修改。

图4.45　曲面回转（二）

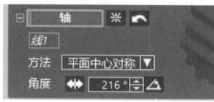
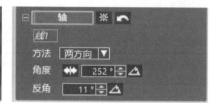

(a) 平面中心对称曲面回转效果
(b) 两方向曲面回转效果

图4.46　曲面回转（三）

③ 曲面放样 【放样】命令，可根据多条曲线间的曲率，将这些曲线进行连接，从而构建成曲面。执行【模型】→【创建曲面】→【放样】，【轮廓】中依次选中需要创建面的曲线，如按照从上到下、从下到上、从左往右、从右往左的顺序，如图 4.47 所示。【约束条件】一般在曲面放样两侧有曲面需要进行连接的时候使用。

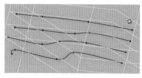

(a) 多条曲线
(b) 执行曲面放样
(c) 曲面放样后

图4.47　曲面放样

【向导曲线】与【闭合放样】一般不使用。

④ 曲面扫描 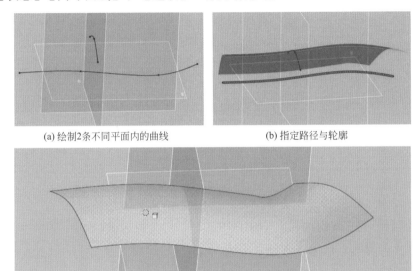【扫描】命令可以沿某一路草图轮廓与路径形成曲面,如图4.48所示。执行【模型】→【创建曲面】→【扫描】,【轮廓】选择轮廓曲线,【路径】选择路径曲线。注意,路径与轮廓曲线不能在同一平面内,否则无法实现正确的曲面扫描。

【状态】【向导曲线】和【选项】一般不做修改。

(a) 绘制2条不同平面内的曲线　　　　　　　(b) 指定路径与轮廓

(c) 完成曲面扫描

图4.48　曲面扫描

⑤ 基础曲面 【基础曲面】命令,可自动拟合一些基础的面片。执行【模型】→【创建曲面】→【基础曲面】,选择【自动提取】,可让计算机自动计算,【领域】选取需要拟合的基础曲面,如图4.49所示。【提取形状】选择相对应的基础曲面即可,【延长比率】设置创建的拟合曲面向外延长多少,如图4.50所示。

 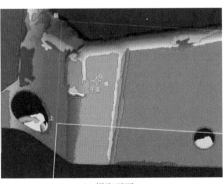

(a) 选取基础曲面工具　　　　　　　　(b) 提取平面

图4.49　基础曲面(一)

可通过【体偏差】查看贴合程度。

(a) 选取工具

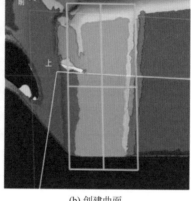
(b) 创建曲面

(c) 精度分析

图4.50　基础曲面（二）

（3）向导

① 面片拟合　【面片拟合】命令，主要用于沿模型曲面创建面片。可先执行【向导】→【面片拟合】→【预览】，可看到默认参数状态下面片拟合的效果，如图 4.51 所示。

(a) 原始模型

(b) 选择零件曲面

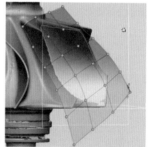
(c) 拟合面片

图4.51　默认面片拟合效果

再通过【Accuracy Analyze】→【体偏差】命令，与原始模型进行拟合效果的精度对比，如图 4.52 所示。【分辨率】指构成图像的点密度。

【许可偏差】可通过调节参数来控制，若原模型为铸造件，精度要求并不高，无需将参数设置过小，以减少不必要的扭曲。

【最大控制点数】选项可用于设置拟合的曲面关键点的数量，通常取决于扫描模型的尺寸。

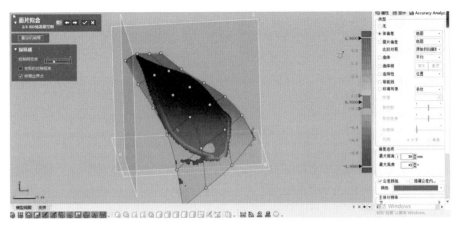

图4.52　精度分析面片拟合效果

　　【平滑】指滑块控制拟合平面的平滑程度。平滑度越小，表面质量越低；平滑度越大，表面质量越高。

　　选中【延长】选项可延曲面边缘进行扩展，如图4.53所示。

  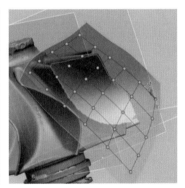

(a) 面片拟合工具　　　　　　　　(b) 面片拟合　　　　　　　　(c) 延长面片

图4.53　延长面片操作

　　点击【→】下一步，可通过调节【控制网密度】调整曲面的扭曲程度，如图4.54所示。

　　② 放样向导 放样向导【放样向导】工具，可利用多条拟合曲线生成面片。

　　执行【模型】→【向导】→【放样向导】命令，在【领域/单元面】中选择需要创建的领域，如图4.55所示。【路径】选择平面，表示以平面的方式引导每个断面的连接。

　　【断面】用于选择许可偏差，通过偏差值与断面数量控制曲面质量，其中断面表示用平面工具从扫描数据上截取的轮廓。

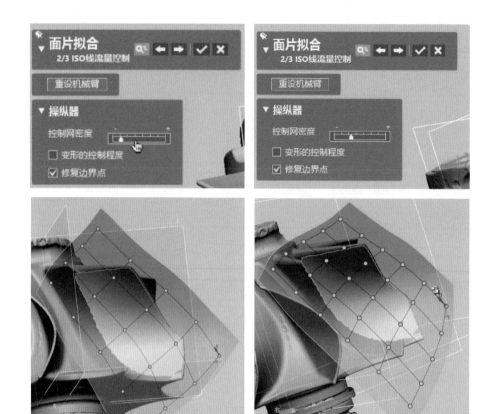

图4.54　控制网密度比较

(a) 选取放样向导命令

(b) 默认状态下的放样路径

图4.55　放样向导（一）

点击【→】下一步预览曲面，如图 4.56 所示。注意，最大断面数越多，曲面与数据贴合程度越高，曲面更易形成褶皱。

【样条点数量】越多，拟合面片越贴合原始模型，但曲面可能出现褶皱等情况，如图 4.57、图 4.58 所示。

③ 扫掠精灵　点击【向导】→【扫掠精灵】→【下一步】，软件自动计算当前状态下管道的参数信息。通过观察可以发现，管道的圆形截面并非一个完整的圆

形，其轮廓凹凸不平，需要进行优化，如图 4.59 所示。执行【绘制】→【外接圆】命令，沿原截面绘制圆形；然后执行【绘制】→【智能尺寸】命令，进行圆形尺寸约束，当退出草图后，模型将自动变成修改后的管道，如图 4.60 所示。

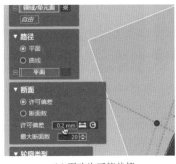

(a) 更改许可偏差值

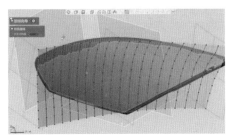

(b) 观察样条点的数量与排布

图4.56 放样向导（二）

(a) 修改样条点数量

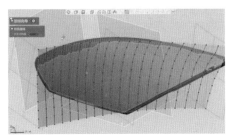

(b) 修改后的排布情况

图4.57 放样向导（三）

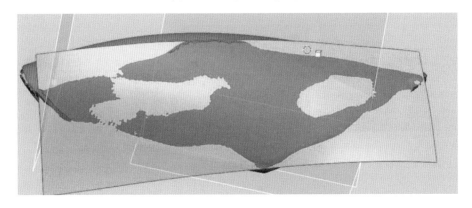

图4.58 拟合面片的贴合程度示意

（4）参考几何图形

① 线 **【线】**命令，可通过草图绘制的方式来创建直线。可以通过各种不同的方式创建直线，这里主要讲解几个常用到的方法。

(a) 管道模型

(b) 管道局部

(c) 管道自动计算出的圆形截面

图4.59　计算管道参数信息

(a) 绘制外接圆

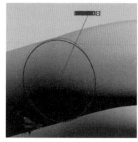
(b) 约束圆半径

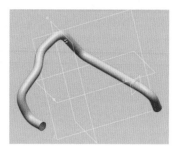
(c) 修改后的管道

图4.60　修改圆形截面

a. 创建过某点与某一平面垂直的直线。执行【模型】→【参考几何】→【线】命令。【方法】选择定义，【输入】选择位置 / 方向，【位置】选择一个点，【方向】选择一个面，可以创建出一条过点且与平面垂直的直线，如图 4.61 所示。

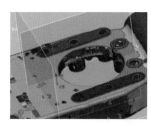

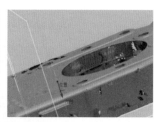

图4.61　创建过某点与某一平面垂直的直线

b. 圆柱轴的创建。【要素】选择圆柱，【方法】为检索圆柱轴，会自动检索出圆柱轴并生成直线，如图 4.62 所示。

c. 两点创建直线。点击【输入选项】→【输入】选择为开始 & 终止位置，【起始位置】和【终止位置】为两个点的坐标，如图 4.63 所示。

d. 两平面相交直线。【方法】选择两平面相交，然后选择两个平面，即产生直线，如图 4.64 所示。

图4.62　创建圆柱轴

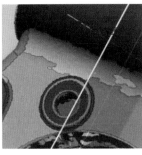

图4.63　两点创建直线

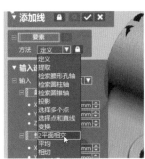

图4.64　两平面相交直线

② 平面　在 Geomagic Design X 软件草图模式下，存在多种创建平面的方法，如"提取已有平面创建平面""三点创建平面"和"根据法线创建平面"等，如图 4.65 所示。

a. 提取已有平面创建平面。提取已有几何模型的平面来创建平面，可执行【参考几何图形】→【平面】→【提取】命令。

b. 三点创建平面。依据模型表面上选取的三个点来创建平面，可执行【参考几何图形】→【平面】→【3 个位置】命令。

c. 根据法线创建平面。依据模型法线方向来创建平面，可执行【参考几何图形】→【平面】→【位置 & 法线方向】。

d. 偏移平面。【偏移】命令，在给定平面情况下，可复制或偏移多个平面，如

图 4.66、图 4.67 所示。

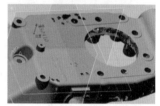

(a) 提取已有平面创建平面   (b) 三点创建平面   (c) 根据法线创建平面

图4.65　创建平面的三种方式

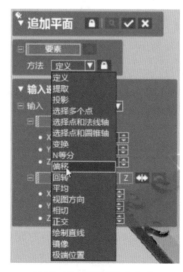

图4.66　选择偏移命令

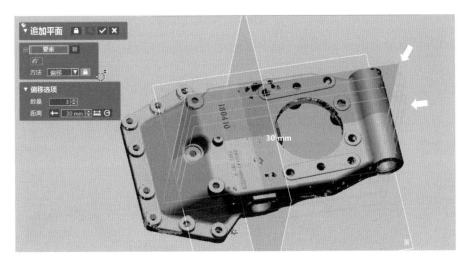

图4.67　平面偏移效果

e. 绘制直线。可通过【绘制直线】命令来创建参考平面，如图 4.68 所示。

(a) 绘制直线　　　　　　　　　　　　　　　(b) 创建平面

图4.68　绘制直线

（5）编辑

① 切割 【切割命令】，可创建实体矩形。执行【模型】→【编辑】→【切割】命令，【工具要素】设为模型曲面，【残留体】设为实体部分，如图 4.69 所示。

② 布尔运算 【布尔运算】命令，可实现实体模型之间的合并、剪切和相交。

【合并】是将两个实体相加组合成一个实体。执行【模型】→【编辑】→【布尔运算】→【合并】命令，【工具要素】选择需要合并的实体，如图 4.70 所示。

【切割】指切除实体模型间的差值。执行【模型】→【编辑】→【布尔运算】→【切割】命令，【工具要素】选择需要切除的实体，【对象体】选择需要保留的实体，如图 4.71 所示。

【相交】是保留实体之间相交的部分。选择【相交】，此时【工具要素】与【对象体】选择没有区别，都是保留相交部分，也不需要按照特殊顺序选择，如图 4.72 所示。

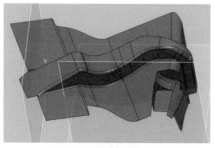

(a) 模型曲面

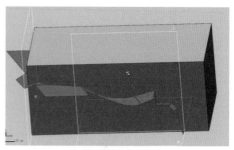

(b) 创建实体矩形

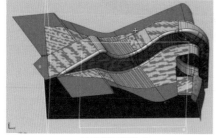

(c) 执行切割命令

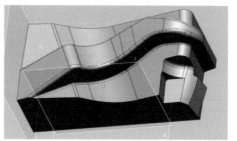

(d) 完成切割状态

图4.69　切割

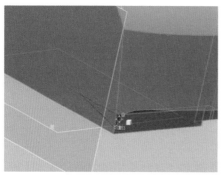

(a) 需要合并的两个部分

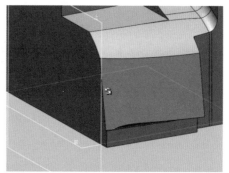

(b) 合并为一个整体

图4.70　合并

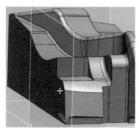

(a) 待切割的部分

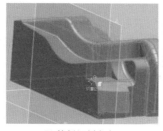

(b) 执行切割命令

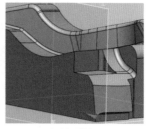

(c) 切割后的部分

图4.71　切割

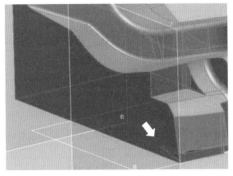
(a) 两部分实体

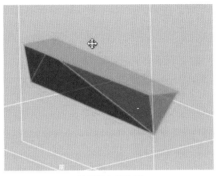
(b) 保留相交部分后

图4.72　相交

③ 圆角 【圆角】【圆角】命令可将比较锐利的边过渡到较为圆润的曲面。执行【编辑】→【圆角】→【固定圆角】→修改【半径】参数，可结合【Accuracy Analyze】→【体偏差】的颜色来调整圆角与原始模型的匹配程度，如图4.73所示。

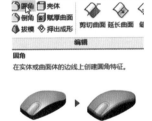
(a) 选取圆角工具

(b) 修改要素数值

(c) 圆角效果

图4.73　圆角工具

【可变圆角】可在同一条边上的不同点位分别进行圆角处理。执行【编辑】→【圆角】→【可变圆角】命令，鼠标点击所要处理的边后便增加一个点，以此为基础，可控制点附近的圆角效果，如图4.74所示。

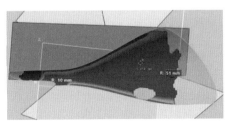
(a) 添加1点圆角

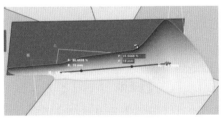
(b) 添加2点圆角处理

图4.74　可变圆角

【面圆角】可直接通过两个平面来确定圆角范围。执行【编辑】→【圆角】→【面圆角】命令，以两个平面来实现圆角效果，如图4.75所示。

 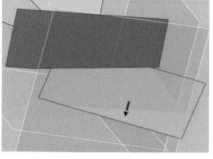 

| (a) 选择面圆角 | (b) 选取两个平面 | (c) 圆角效果 |

图4.75　面圆角

【全部面圆角】可同时选取不同的几个平面来控制圆角效果。执行【编辑】→【圆角】→【全部面圆角】命令，左边、中心和右边分别选取长方体的不同平面，如图 4.76 所示。

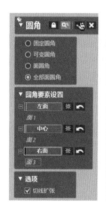 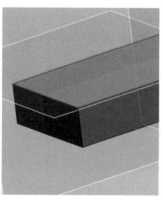 

| (a) 全部圆角命令 | (b) 长方体 | (c) 圆角处理后的长方体 |

图4.76　全部面圆角

④ 倒角　🔲倒角【倒角】命令，可将比较锐利的边过渡到较为平滑的曲面。执行【模型】→【编辑】→【倒角】命令，【要素】选择需要创建倒角特征的边线，通常选择【角度和距离】模式，【距离】和【角度】控制倒角特征，【反转方向】一般不勾选，【切线扩张】勾选即可，如图 4.77 所示。可以通过【体偏差】查看倒角特征是否贴合数据。

⑤ 壳体　🔲壳体【壳体】命令，可迅速将实心的实体模型掏空，形成壳体状态。可执行【编辑】→【壳体】命令，选择【删除面】，调节【深度】数值，即可实现抽壳效果，如图 4.78 所示。勾选【向外侧抽壳】，则可在模型表面向外侧延展的同时，在内部实现抽壳的效果。勾选【不同厚度的面】后，可在抽壳操作的过程中，同时指定模型不同平面的抽壳效果，如图 4.79 所示。

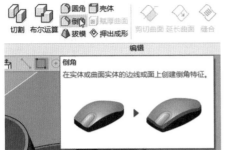

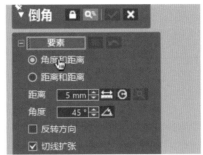

(a) 选择倒角工具

(b) 选择角度与距离

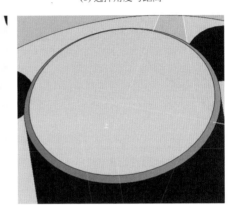

(c) 执行倒角命令

(d) 倒角后的效果

图4.77　倒角

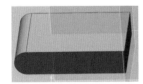

(a) 实体模型

(b) 选择删除面

(c) 执行抽壳命令

图4.78　壳体

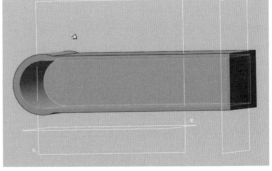

图4.79　不同平面的抽壳效果

⑥ 赋厚曲面　🔳赋厚曲面【赋厚曲面】命令，可将构建出的曲面增加一定厚度，从而变成实体模型。一般用于薄壁件的制作。执行【模型】→【编辑】→【赋厚曲面】命令，【体】选择需要赋厚的面，如图 4.80 所示。【厚度】为修改赋厚的厚度，根据模型需要修改数值，如图 4.81 所示。【方向】选项的方向 1 与方向 2 分别为内外两个方向，根据创建需要进行修改。

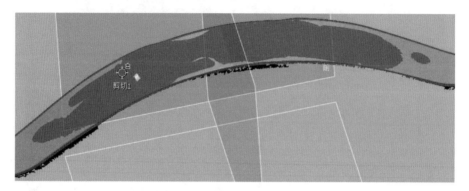

图4.80　赋厚曲面命令效果

(a) 修改曲面厚度参数

(b) 修改曲面厚度效果

图4.81　修改曲面厚度

【两方】指内外两侧均有厚度，如图 4.82 所示。

⑦ 剪切曲面　🔳剪切曲面【剪切曲面】命令，可将创建的曲面进行剪切，修剪多余的曲面。执行【模型】→【编辑】→【剪切曲面】即可。

a. 第 1 种方法。【工具】和【对象】全部选择需要进行剪切的曲面，如图 4.83 所示。点击【→】下一步，【残留体】选择需要保存的曲面即可。选择残留体时会有颜色发生变化，通过颜色的变化来判断选择的曲面正确与否，如图 4.84 所示。确定曲面保留正确后，点击【确定】，此时保留下来的曲面为已合并在一起的完整曲面，如图 4.85 所示。

b. 第 2 种方法。有的时候需要保留剪切之后独立的多个曲面，可将【对象】设为需要保留的曲面，【工具】为当成"剪子"的曲面，点击【→】下一步，选择残留体即可。通过视图可以看出这次剪切只有一个曲面发生了修剪，如图 4.86 所示。

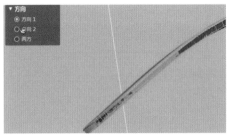

(a) 修改方向1曲面厚度

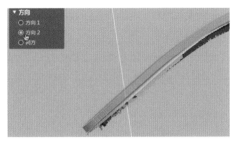

(b) 修改方向2曲面厚度

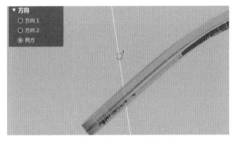

(c) 修改两个方向曲面厚度

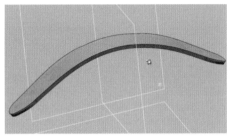

(d) 修改两个方向曲面厚度效果

图4.82　修改厚度方向

(a) 选取剪切曲面工具

(b) 选择工具要素

(c) 选择对象体

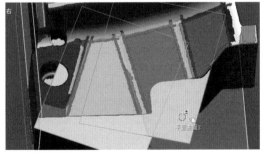

(d) 选取需要剪切的2个曲面

图4.83　剪切曲面的第1种方法（一）

(a) 选择残留体

(b) 剪切曲面

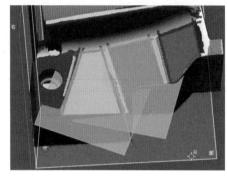

(c) 同时选取2个曲面

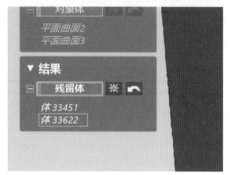

(d) 选择残留体

图4.84　剪切曲面的第1种方法（二）

(a) 执行剪切命令

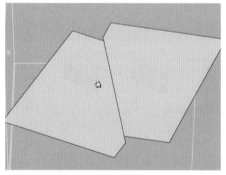

(b) 剪切后效果

图4.85　剪切曲面的第1种方法（三）

⑧ 延长曲面　延长曲面【延长曲面】命令，当参照或创建的平面范围不满足需要时使用。可执行【编辑】→【延长曲面】命令，通过调节【距离】来控制延长的范围，如图 4.87 所示。延长曲面时，既可以整体向四周扩散，也可以通过选择平面的一边，实现单个方向上的扩展，如图 4.88 所示。

⑨ 曲面偏移　曲面偏移【曲面偏移】命令，可将已有曲面向内或向外偏移

一段距离，从而产生另一个曲面。执行【模型】→【编辑】→【曲面偏移】，【面】
选择需要偏移的曲面，【偏移距离】控制曲面偏移的数值，数值前方的按钮可控制
偏移方向，如图4.89所示。

(a) 选择对象体

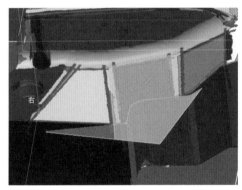

(b) 选择残留体

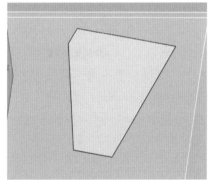

(c) 执行剪切命令

(d) 剪切后效果

图4.86　剪切曲面的第2种方法

(a) 延长曲面参数面板

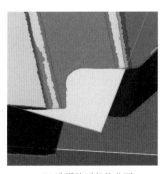

(b) 选择待延长的曲面

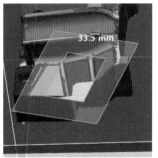

(c) 整体延长曲面效果

图4.87　整体延长曲面

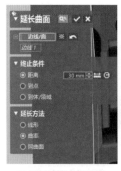
(a) 延长曲面参数面板

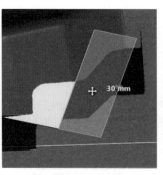
(b) 选择待延长的曲面

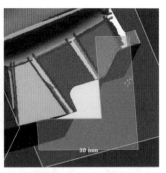
(c) 延长单一方向曲面效果

图4.88 延长单一方向

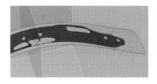
(a) 选择平面

(b) 调整偏移值

(c) 精度分析

图4.89 曲面偏移

⑩ 反转法线　　**中 反转法线**　【反转法线】命令，可将曲面法线进行反转。执行【模型】→【编辑】→【反转法线】，【曲面体】直接选择需要反转的曲面，即可完成反转，如图 4.90 所示。

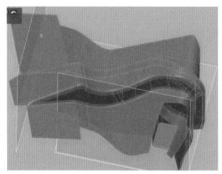
(a) 原始模型法线默认状态

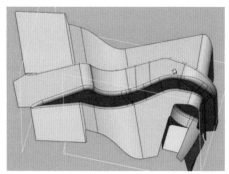
(b) 反转法线后状态

图4.90 反转法线

说明　一般情况下黄色曲面表示为正面，如果在创建曲面过程中发现正面颜色不是黄色，可使用反转法线进行法线的反转矫正。

(6) 阵列

① 镜像　⚠　【镜像】命令，可选择一个平面，将制作好的曲面关于这个平面进行对称处理，创建另一个曲面。执行【模型】→【阵列】→【镜像】，【体】选择

需要镜像的曲面，【对称平面】选择镜像的参考平面，如图 4.91 所示。【剪切 & 合并】在曲面阶段不使用。预览镜像曲面没有问题之后，点击【确定】创建镜像曲面。

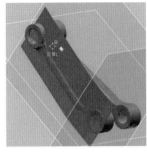 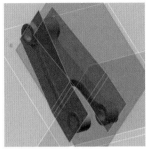 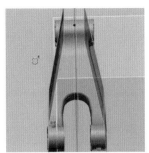

(a) 需要镜像的平面　　　　　　(b) 执行镜像命令　　　　　　(c) 镜像完成

图4.91　镜像

② 圆形阵列 【圆形阵列】命令，可沿着某一固定轴，复制多个同样的模型，且模型的方向均指向中心轴。

【体】对应所需复制的模型。

【回转轴】对应选择的中心轴。

【要素数】即复制数量。

【合计角度】即复制旋转的角度。

【等间隔】控制复制出来的模型间的距离是否相等，如图 4.92 所示。

  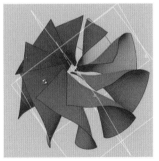

(a) 选择圆形阵列工具　　　　　(b) 选取中心轴　　　　　　(c) 圆形阵列

图4.92　生成圆形阵列

【用轴回转】控制复制的模型是否随旋转角度而改变，如图 4.93 所示。

【跳过情况】在个别模型不需要复制时使用，如图 4.94 所示。

（7）体 / 面

模型重构过程中，当只有单一平面与原模型匹配精度不高，需要进行局部调节时，可执行【体 / 面】→【移动面】命令，结合【Accuracy Analyze】→【体偏差】的颜色来判断匹配程度，如图 4.95 所示。

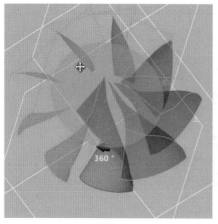
(a) 选择用轴回转

(b) 用轴回转效果

图4.93 用轴回转

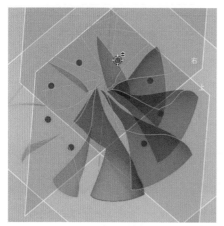
(a) 选择跳过情况的部分

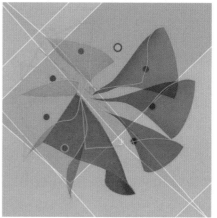
(b) 跳过情况后

图4.94 跳过情况

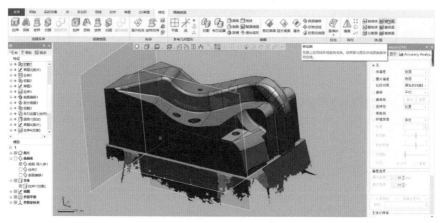

图4.95 移动面

选择【移动】→选择所要移动平面→选择方向，更改所要移动的【距离】，即可实现平面的移动，如图 4.96 所示。平面移动前后与原模型匹配程度的对比如图 4.97 所示。

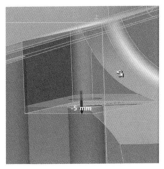

图4.96　更改距离实现平面移动

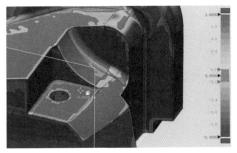

(a) 移动之前　　　　　　　　　　　　　　　(b) 移动之后

图4.97　平面移动前后对比

4.3　专项训练

4.3.1　案例 01："多叶叶轮"模型重构

（1）案例说明

"多叶叶轮"是常见的装置，类似的作品结构虽然简单，但是在日常工作中，甚至是相关逆向设计建模大赛中，经常会被安排制作。由于其结构简单、易学，所以安排在本案例的制作中。

（2）操作流程（图 4.98）

图4.98 操作流程

（3）操作过程

步骤 01：模型素材分析

① 导入模型数据　选择文件夹中的 stl 格式数据模型导入，如图 4.99 所示。

(a) 选择文件

(b) 导入数据模型

图4.99 导入模型数据

② 更改模型颜色　选中左侧树状栏内的模型，在右侧属性栏内选择【材质】，对模型颜色进行修改，便于后期观察曲率特征，如图 4.100 所示。

(a) 更改材质

(b) 确定修改材质

(c) 变更材质后的模型数据

图4.100 更改模型颜色

③ 模型制作分区　依据"多叶叶轮"模型结构特性，可将其分成四个部分进行制作：

a. 叶轮主体回转体结构。

b. 叶轮曲面大叶片。

c. 叶轮直面小叶片。

d. 叶轮圆角修饰及其他细节调整。

步骤02：构建模型特征

① 叶轮主体回转体结构

a. 创建回转轴。点击【参考几何图形】→【线】，要素选择【上】平面和【右】平面，制作一个回转轴，如图4.101所示。

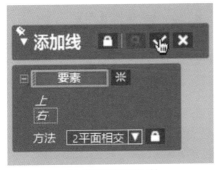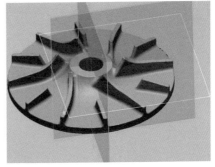

(a) 创建相交平面工具　　　　　　　　(b) 创建相交平面

图4.101　创建回转轴

b. 投影模型曲线。执行【草图】→【面片草图】→【回转投影】，进入草图界面，选取回转体后进行【旋转】偏移，避开因平面贯穿模型而丢失的特征部分，如图4.102、图4.103所示。

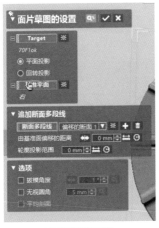

(a) 平面投影工具　　　　　　　　(b) 选择待投影的曲线轮廓

图4.102　投影模型曲线操作过程

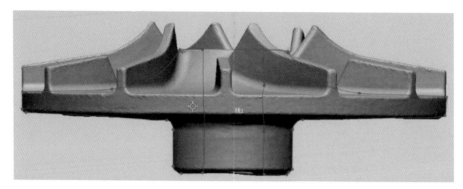

图4.103　投影曲线效果

　　c.绘制回转体截面草图。点击【绘制】→【矩形】，并拖动矩形长宽与截取轮廓边缘重合；再次绘制【矩形】，使其与下半部分边缘轮廓重合；点击【绘制】→【直线】，沿模型底部倾斜面绘制重合曲线，并用【工具】→【调整】进行延长；点击【工具】→【剪切】，修剪掉多余的线段后，使用【绘制】→【样条曲线】创建模型上表面轮廓曲线，同样进行曲线的延长，将多余线段【剪切】。具体操作如图4.104、图4.105所示。

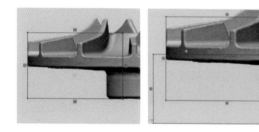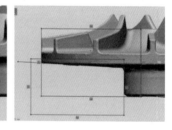

图4.104　草图绘制零件轮廓（一）

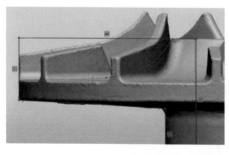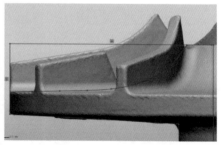

图4.105　草图绘制零件轮廓（二）

　　d.约束线段尺寸。点击【绘制】→【智能尺寸】，对所有绘制的曲线进行约束，尽可能与截取轮廓相互重合，如图4.106所示。

　　注意　一般机械结构件尺寸约束数值多为整数，由于"多叶叶轮"模型为铸造件，其尺寸精度不高，因此可保留一位小数点。

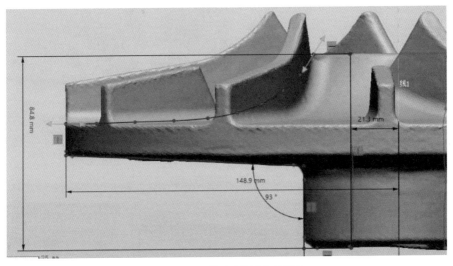

图4.106 约束所绘制的草图

e.草图拉伸至回转体。点击【模型】→【创建实体】→【回转】，【轮廓】选择刚创建的草图，【轴】为之前创建的回转轴，点击【方法】→【单侧方向】，【角度】设为360°，单击【ok】，如图4.107所示。

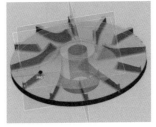

(a) 回转面板   (b) 选取中心轴   (c) 回转效果

图4.107 草图拉伸至回转体

②叶轮曲面大叶片

a.关键面提取。点击【线段】→【自动分割】，将模型中具备的特征进行区域分割，从而完成关键面提取，如图4.108所示。

b.关键面选区优化。选择叶片侧面区域，于右侧属性栏中点击【基准几何形状】，将【几何形状类型】改为【自由】，然后分别将叶片的内外侧与顶部的关键面进行范围缩小，防止误选圆角等非平面特征，如图4.109所示。

c.面片拟合。点击【模型】→【向导】→【面片拟合】，然后点击【属性栏】→【Accuracy Analyze】→【体偏差】，观察曲面与数据贴合情况。若曲面没有质量问题，可切换到【无】，点击【确定】生成叶轮大叶片内侧曲面，同理生成大叶片外

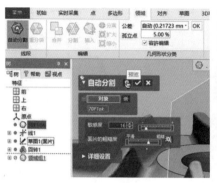

(a) 预览命令

(b) 自动分割后的实体

图4.108　关键面提取

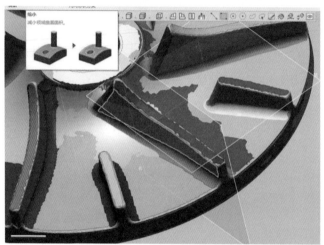

图4.109　关键面选区优化

侧曲面。拟合效果如图 4.110 所示。点击【编辑】→【延长曲面】，分别将两个曲面范围延长，延长长度超出整个大叶片轮廓即可，如图 4.111 所示。拟合叶轮顶部面片，选择大叶片顶部面，点击【模型】→【向导】→【面片拟合】，调整拟合平面方向，使其大致与叶片顶部曲面平行，然后依旧对其进行延长，如图 4.112 所示。拟合叶轮底部面片，点击【草图】→【面片草图】，提取叶片轮廓，然后点击【草图】→【绘制】→【直线】，将直线两端进行延长，调整重合程度，如图 4.113 所示。执行【模型】→【创建曲面】→【拉伸】命令，将草图拉伸成平面，注意勾选属性面板中的【反方向】，由中心向两侧进行拉伸，如图 4.114 所示。叶轮外侧面片拟合时，通过观察可知，此面类似圆柱包裹曲面，因此可采取面片草图回转投影的方式来进行轮廓的截取。执行【草图】→【面片草图】命令，进入草图编辑模式，点击【工具】→【轮廓投影】，显示关键点信息，并使用【直线】绘制延长线，点击【模型】→【创建曲面】→【回转】，完成曲面制作，如图 4.115 所示。

(a) 点击"下一步"

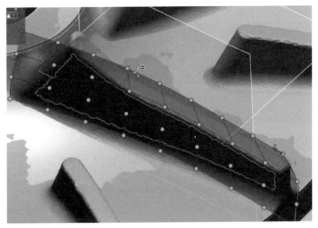

(b) 预览拟合效果

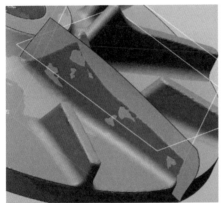

(c) 生成拟合效果

图4.110　拟合效果

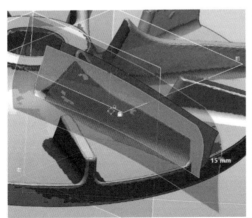

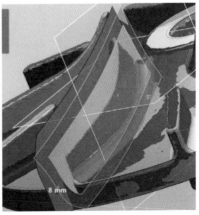

图4.111　延长曲面

(a) 叶片顶部面片拟合　　　　(b) 查看生成曲面效果　　　　(c) 生成曲面

图4.112　叶轮顶部面片拟合过程

 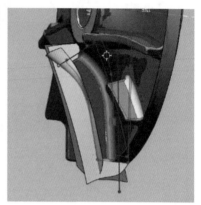

(a) 提取叶片底部面片轮廓　　　　　　　(b) 投影曲线

图4.113　叶轮底部面片拟合过程

(a) 选择拉伸工具　　　　(b) 执行拉伸命令　　　　(c) 拉伸完成

图4.114　拉伸平面

　　d. 剪切曲面。点击【编辑】→【剪切曲面】→勾选【对象】，选择所要保留的曲面，点击【确定】即可，如图 4.116、图 4.117 所示。

　　③ 叶轮直面小叶片

　　a. 提取关键面。点击【草图】→【面片草图】，提取小叶片轮廓线，如图 4.118 所示。

　　b. 绘制草图，拟合平面。执行【草图】→【绘制】→【样条曲线】，点击小叶片轮廓线，提取轮廓曲线，控制样条曲线关键点为5个，再执行【草图】→【绘制】→【直线】命令，将两侧线段进行封闭，如图4.119所示。

(a) 投影轮廓

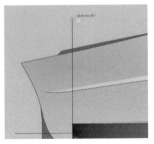
(b) 绘制草图直线

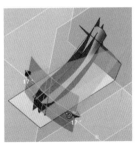
(c) 执行曲面回转

图4.115　叶轮外侧面片拟合过程

(a) 执行剪切命令

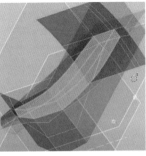
(b) 保留曲面

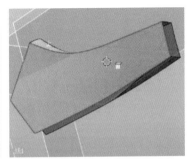
(c) 完成剪切

图4.116　剪切曲面

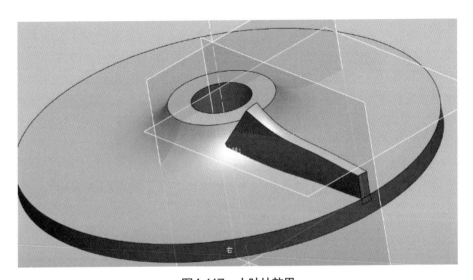
图4.117　大叶片效果

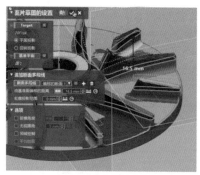
(a) 打开面片草图面板

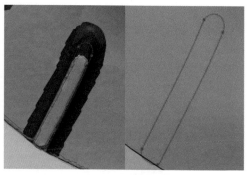
(b) 提取小叶片轮廓线

图4.118　提取关键面

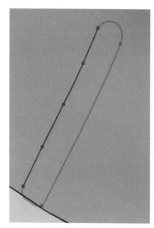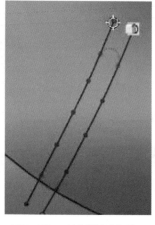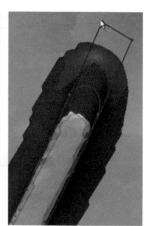

图4.119　绘制草图直线

c. 曲面拉伸。绘制主体轮廓，执行【模型】→【创建实体】→【拉伸】命令，使用直线将靠近内部的开口封闭，如图 4.120 所示。注意需要显示数据，使曲线轮廓超过图中暗红色区域，用于后面的裁剪。提取小叶片顶面，执行【模型】→【创建曲面】→【基础曲面】→【提取形状】→【平面】命令，提取小叶片顶部平面，如图 4.121 所示，并点击【编辑】→【延长曲面】，对其平面做适量延展。创建基准曲面，提取小叶片顶部斜面，执行【模型】→【创建曲面】→【拉伸】命令，再执行【草图】→【平面草图】命令，投影曲面轮廓，点击【直线】进行延长，如图 4.122 所示。执行【模型】→【创建实体】→【拉伸】命令，将直线拉伸成与之前创建的平面呈交叉状态，然后执行【编辑】→【剪切曲面】命令，将两曲面相互剪切，保留剩余曲面，如图 4.123 所示。

d. 剪切曲面。执行【模型】→【编辑】→【切割】命令，用创造的曲面剪切小叶片实体结构，保留剩余部分，如图 4.124 所示。

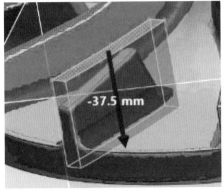

(a) 执行曲面拉伸命令   (b) 曲面拉伸效果

图4.120　曲面拉伸（一）

(a) 基础曲面面板　　　　　(b) 创建曲面　　　　　　　(c) 生成曲面

图4.121　曲面拉伸（二）

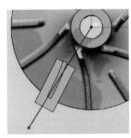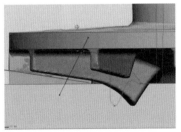

(a) 创建直线　　　　　　(b) 拉伸成平面　　　　　　(c) 投影曲面轮廓

图4.122　曲面拉伸（三）

步骤03：模型结构优化

① 叶片转角处圆角处理　执行【模型】→【编辑】→【圆角】→【全部面圆角】命令，将面片隐藏，使用圆角命令，选中全部面圆角，左右两个面为小叶片的内外侧大曲面，中心为需要圆角的立面，选中后点击【确定】，如图 4.125 所示。

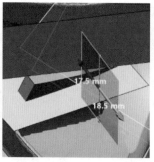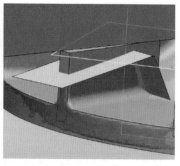

图4.123　曲面拉伸（四）

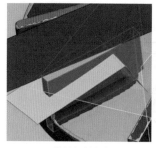

(a) 执行切割命令　　　　　　　　(b) 预览切割效果　　　　　　　　(c) 形成叶片效果

图4.124　剪切曲面

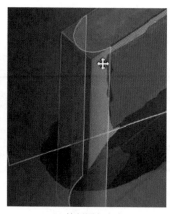

(a) 圆角面板　　　　　　　　(b) 执行圆角命令　　　　　　　　(c) 生成圆角效果

图4.125　叶片转角处圆角处理

② 叶片边缘圆角处理　执行【模型】→【编辑】→【圆角】→【固定圆角】命令，如图 4.126 所示。

(a) 固定圆角命令   (b) 选取圆角边缘   (c) 生成圆角效果

图4.126　叶片边缘圆角处理

③ 叶片阵列　执行【模型】→【阵列】→【圆形阵列】命令，【体】对应选择大小两个叶片，【回转体】对应选择中心轴，【数量】设为6，如图4.127所示。

(a) 执行阵列命令   (b) 复制多个叶片

图4.127　叶片阵列

④ 实体合并　在模型列表中，按住 Shift 同时选中所有实体模型，执行【模型】→【编辑】→【布尔运算】→【合并】命令，将所有叶轮的实体模型进行合并，使其形成一个整体，如图4.128所示。

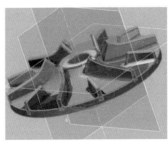

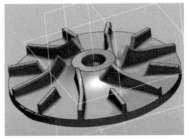

(a) 布尔运算面板   (b) 全选所有模型零件   (c) 生成统一模型

图4.128　实体合并

⑤ 圆角修饰过渡　执行【模型】→【编辑】→【圆角】→【全部面圆角】命令，对叶片与回转实体连接处进行圆角处理，圆角半径设为 6mm，并可通过属性面板中的【体偏差】命令，观察设置的圆角是否合理，如图 4.129 所示。

图4.129　圆角修饰过渡（一）

同理，将所有叶片与回转体连接处进行圆角过渡后，完成制作，如图 4.130 所示。

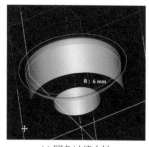

(a) 圆角过渡中轴　　　　　(b) 圆角过渡边缘　　　　　(c) 完成叶轮制作

图4.130　圆角修饰过渡（二）

⑥ 保存数据　最后执行【菜单】→【保存】，保存为 xrl 格式文件。

（4）制作小结

"多叶叶轮"模型重构的案例，属于进阶案例，因为案例中所选择的叶轮模型包含了多组模型特征，如大叶片的曲面等，非常具有代表性，如在操作中存在一定困难，可优先选择观看视频教程或学习案例 02 的制作，待掌握了全部流程后，再学习即可。

4.3.2 案例02："梯形块"模型重构

（1）案例说明

由于案例 01 中，从三维扫描的点云数据转换成"面片"模型的过程已经比较完整，所以我们对于"梯形块"案例的制作，只节选重要的环节与步骤。如需详解，请参见操作视频。

（2）操作流程（图4.131）

图4.131　"梯形块"模型重构操作流程

（3）操作过程

步骤01：模型素材分析

① 导入模型数据并着色　导入"梯形块"模型，选中左侧树状栏内的模型，在右侧属性栏内选择【材质】，对模型颜色进行修改，便于后期观察曲率特征，如图4.132所示。

图4.132　导入/着色"梯形块"模型

② 模型制作分区　通过观察不难发现，"梯形块"模型结构相对完整，没有琐碎和复杂的特征面，属于标准六面体的变形结构，因此，可将其分成三个部分进行制作：

a. 上下两端，直面结构的平面重构。

b. 前后左右四个侧面，直面的平面重构。

c. 模型不同直面过渡边缘的圆角优化。

步骤02：构建模型特征

① 构建平面，绘制草图轮廓　点击【草图】→【面片草图】，以"梯形块"侧面创建平面，移动至梯形块中间，在构建的平面上执行【草图】→【面片草图】→【直线】操作，按照截取轮廓绘制梯形，不同的线段之间可用【剪切】→【相交剪切】命令，将线段进行连接，并使用【智能尺寸】约束线的关系尺寸，如

图 4.133 所示。

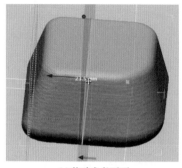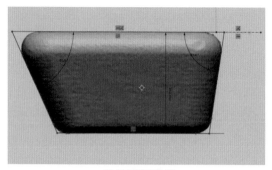

(a) 构建参考平面   (b) 绘制草图轮廓

图4.133 构建平面并绘制草图轮廓

② 创建轮廓曲面 点击【模型】→【创建曲面】→【拉伸】，将绘制的梯形草图截面进行拉伸，勾选【反方向】，拉伸出的平面超过整个原模型即可，如图 4.134 所示。同理，完成另外两个平面的制作，如图 4.135 所示。

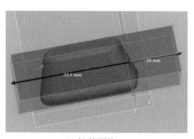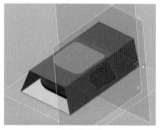

(a) 拉伸面板   (b) 拉伸面片   (c) 生成面片

图4.134 创建轮廓曲面（一）

③ 剪切曲面 点击【模型】→【编辑】→【剪切曲面】，【工具】和【对象】全部选择所有平面，之后选择要保留的平面，将模型实体化，如图 4.136 所示。

步骤03：模型结构优化

① 垂直边圆角处理 使用【模型】→【编辑】→【圆角】命令处理圆角垂直边，可使用【体偏差】来查看圆角半径与原模型贴合程度，通过调节圆角半径调节圆角大小，如图 4.137 所示。同理，圆角处理另外三条垂直边，如图 4.138 所示。

② 上下面边缘圆角处理 使用【模型】→【编辑】→【圆角】命令，将上下两个面的边缘进行圆角处理，如图 4.139 所示。

③ 保存文件 实体建造完成，如图 4.140 所示，执行【菜单】→【保存】，保存为 xrl 格式文件。

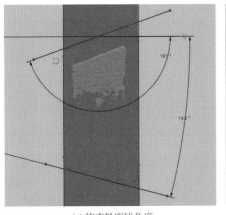

(a) 约束轮廓线角度

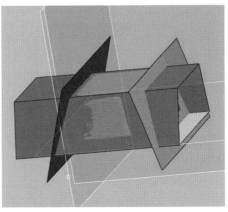

(b) 拉伸成平面

图4.135　创建轮廓曲面（二）

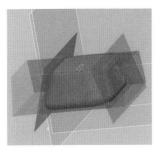

(a) 选择剪切工具

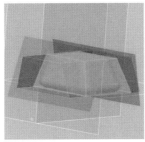

(b) 选择保留区域

(c) 生成曲面模型

图4.136　剪切曲面

(a) 选取模型边缘

(b) 生成圆角效果

(c) 查看精度分析

图4.137　处理圆角垂直边

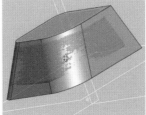

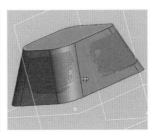

图4.138　圆角另外三条边

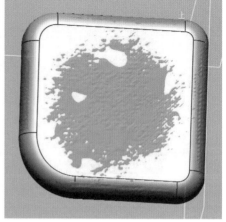

(a) 圆角顶部边缘　　　　　　　　　　　(b) 圆角底部边缘

图4.139　上下面边缘圆角处理

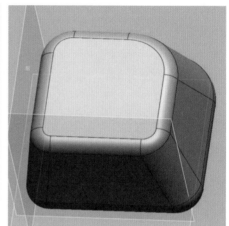

(a) 查看精度分析　　　　　　　　　　　(b) 生成最终模型

图4.140　实体建造完成

（4）制作小结

　　"梯形块"模型重构的案例，属于训练型案例，是为确保读者能够体会一个完整的扫描—点云处理—逆向重构—3D 打印制作案例而设计。

第**5**章

3D 打印数字制造

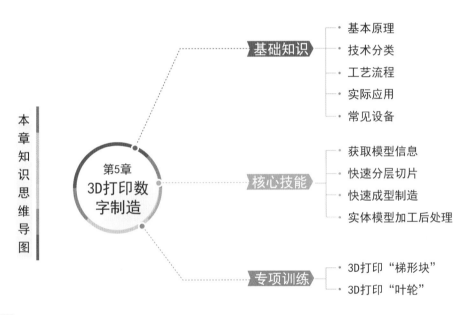

重点与难点

➡ 对模型数据快速、合理地进行三维分层切片
➡ FDM 类 3D 打印机的操作
➡ 提升实体模型制作强度的参数设置

5.1　3D 打印基础知识

5.1.1　3D 打印技术原理

3D 打印技术（3DP），又称增材制造技术，属于快速原型制造技术的一个分

支，是利用三维模型作为数字制造的基础文件，通过现代科学方法利用并改变各种材料自身的物理特性，将材料逐层堆叠来构建新物体的技术与方法。图 5.1 所示为 3D 打印的工作流程。

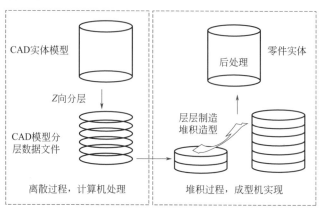

图5.1 3D打印工作流程

从技术的角度来看，3D 打印与传统喷墨印刷有类似的属性，比如两者的原始素材文件均由计算机完成并发送给打印机，将"看得见摸不着"的虚拟文件转换成为"看得见又摸得着"的实体作品。两种打印机如图 5.2 所示。

此外，两种技术都需要对真实材料进行加工，喷墨打印机是将颜料喷洒到纸张或布料这样的平面上，而 3D 打印机则是将粉末、塑料线材或树脂溶液等固化成立体实物。

传统的喷墨打印机在印刷过程中，都是相对于平面纸张作 x 轴和 y 轴方向上的运动，而 3D 打印机的成型过程则增加了 z 轴纵向的机械运动，层层堆积材料形成实体。由于两者所使用的加工材料存在差异，对于材料的需求也有明显的区别，所以创造实体的成本有天壤之别。

(a) 喷墨彩色打印机　　　　　　　　　(b) 3D打印机

图5.2 打印机

5.1.2 3D 打印技术分类

3D 打印技术从 19 世纪发明至今，已经有百年的历史。由于科技的不断进步、制造技术的改进以及应用材料的不断探索，3D 打印快速成型工艺也在发生着巨大的变化。根据 3D 打印不同材料的选择，可对 3D 打印技术进行区分，如表 5.1、图 5.3 所示。

表 5.1　3D 打印技术分类

编号	材料类型	成型技术	英文缩写	成型特性
1	薄膜类材料	分层实体制造技术	LOM	成型速度快，精度低，材料多浪费
2	粉末类材料	三维印刷技术 激光选区烧结技术 激光选区熔化技术	3DP SLS SLM	成型速度慢，制造成本高，金属材料强度、精度较高
3	液态材料	立体平板印刷技术 选择性区域透光成型技术 数字光照加工技术	SLA LCD DLP	表面光滑，精度较高，材料有污染，成型尺寸受限
4	线形丝材	熔融沉积成形技术	FDM	制造成本低，速度较快，使用广泛

(a) 熔融沉积成形技术　　(b) 光固化技术　　(c) 激光选区烧结技术

图5.3　常见3D打印技术

为更好地解释这些概念的不同之处，可通过"切土豆"的方式来进行理解，如图 5.4 所示。同样是对于一个完整的土豆进行切割和复原，裁切的方式不同，裁切下来的土豆层厚不同，那么再堆积起来的难度和方法就不同，最后呈现出的实体精度、稳定程度差异也会非常之大。

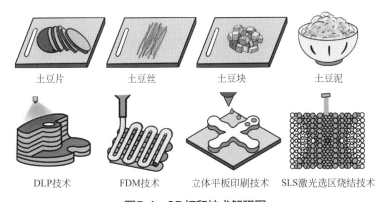

土豆片　　土豆丝　　土豆块　　土豆泥

DLP技术　　FDM技术　　立体平板印刷技术　　SLS激光选区烧结技术

图5.4　3D打印技术解释图

（1）分层实体制造技术

分层实体制造技术（又称 LOM 技术）通常使用纸、塑料薄膜等材料作为制作原材料，依据三维模型数据对每层薄片材料进行轮廓切割，并通过使用热熔胶等粘接物，将其逐一分层粘接成体，如图 5.5 所示。

这种技术最大的优点是通过切割加粘接的方式来进行生产，不会制造多余的支撑结构，能够以极快速度来完成作品，有利于大型零件的构建。由于选取的材料为纸片或塑料薄膜，成品的总重量会比较大，因此不易变形和翘曲。但是切割后会产生大量剩余材料，回收成本较高，因此易造成材料的浪费，目前已经很少有工厂使用该技术。

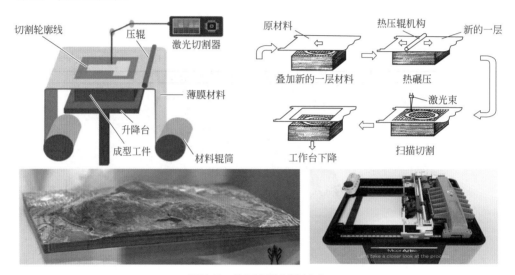

图5.5 分层实体制造技术

（2）三维印刷技术

三维印刷技术（或称 3DP 技术）属于较早期的 3D 打印技术，其采用黏结剂逐层将粉末材料粘接成体的方式，对金属、陶瓷、石膏等材料进行增材制造与生产，如图 5.6 所示。

这种技术可以制造出单一层厚 0.1mm 左右的高精度作品，通过将颜料与黏结剂进行调和，从而可实现全彩 3D 打印作品。但是使用这种生产工艺制造出来的作品，表面颗粒较大、较粗糙，成型实体强度较低，因此适用于小批量、个性化、高难度的原型展示类作品制作。

（3）激光选区烧结技术

激光选区烧结技术（又称 SLS 技术）是 3D 打印金属制造工艺中使用较为普遍的一种技术，其通过计算机控制高温激光点对颗粒状金属材料进行逐层选区烧结、固化成型，如图 5.7 所示。

图5.6 三维印刷技术

这类技术工艺简单、价格相对便宜，材料可回收且重复利用率高，成型速度较快，特别适合金属零件的原型生产或强度要求不高的金属饰品的制造。

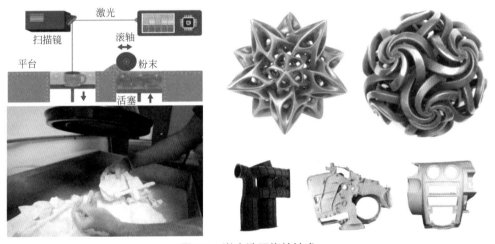

图5.7 激光选区烧结技术

（4）光固化技术

光固化成型是使液态树脂材料受光源照射而固化成型的过程。第一代光固化技术基于点状激光光源对液态树脂照射，又被称作立体光固化成型技术（SLA），速度相对较慢；第二代数字光照加工技术（DLP），将点光源改成面光源投射，大大提高了生产效率，其中最有名的就是CLIP连续打印技术。

光固化成型技术的精度可以以"微米"定义，精度非常高，液态树脂材料也相对便宜，但是受到成型光源的限制，只适合小型零件的加工与生产，且材料的属性相对较脆，强度不够，更适合制作精密外观型作品，如图5.8所示。

图5.8　光固化技术及作品

（5）熔融沉积成形技术

熔融沉积成形技术（又称 FDM 技术）的使用范围非常广泛，其原理也相对简单，即通过加热金属打印喷嘴来熔化丝状塑料等材料，使之在高温状态下软化，再遇冷凝结、层层堆叠成型，如图 5.9 所示。

这类技术的成型工艺较为简单，由于所使用的材料以塑料和树脂等为主，其价格较为便宜，造物成型的速度较快，生产过程安全性较高，加之桌面级 3D 打印机的大量普及，其应用范围非常广泛。但是由于材料受限于塑料，喷嘴温度一直在较低范围，这也成了此类技术的瓶颈。

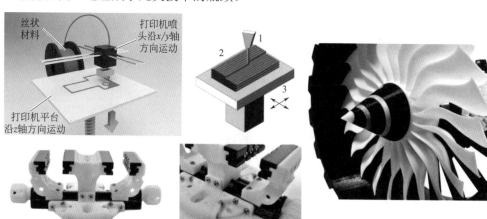

图5.9　熔融沉积成形技术

5.1.3 3D 打印流程

虽然 3D 打印增材制造生产技术的种类繁多，生产制造的过程受到材料本身属性的影响较大，还会受到设备成型尺寸、成型质量等各种因素的影响，但是整体的制造工艺流程差异较小，可概括为图 5.10 所示的四个步骤。

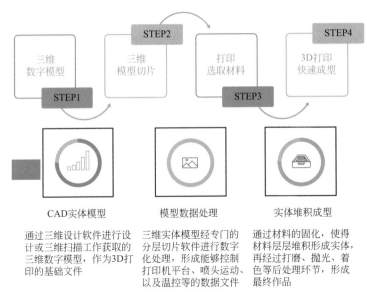

STEP1	STEP2	STEP3	STEP4
三维数字模型	三维模型切片	打印选取材料	3D打印快速成型

CAD实体模型　　　　　　模型数据处理　　　　　实体堆积成型

通过三维设计软件进行设计或三维扫描工作获取的三维数字模型，作为3D打印的基础文件　　三维实体模型经专门的分层切片软件进行数字化处理，形成能够控制打印机平台、喷头运动以及温控等的数据文件　　通过材料的固化，使得材料层层堆积形成实体，再经过打磨、抛光、着色等后处理环节，形成最终作品

图5.10　3D打印操作流程

在所有的 3D 打印成型方式中，由于熔融沉积成形技术（FDM）成本更低、实用性更广、操作安全系数也最高，在民用市场和商用市场上的反馈较强烈，特别是在教育和模型制作上应用最广，因此本书采用此类技术制作与讲解 3D 打印。

5.1.4 3D 打印应用

随着全球经济的快速发展，社会化分工日益精细，科技的发展正在为满足人们层出不穷的个性化需求而服务，越来越多的行业和领域开始将先进的科技纳入其生产与制造的环节，3D 打印技术毫无例外地被列入其中，而且正在成为未来数字化生产制造的关键流程。

（1）助力制造业快速升级

在传统航空航天、汽车制造，甚至是军工制造领域中，大量机械制造零部件的生产环节直接或间接地用到 3D 打印技术，很多零件的原型设计需要在 3D 打印技术的加持下，快速研发迭代，零件结构越是特殊，通过金属和陶瓷等材质直接 3D 打印最终成型就越可能。

美国 Local Motors 公司是发展极其迅速的一家互联网造车公司，如图 5.11 所示。在初创时期，整个公司的成员不足 10 人，而在他们社区上却聚集着超过 5000 位分属不同汽车制造环节的工程设计师。在众筹、众包、众创的互联网思维驱动下，他们通过 3D 打印技术，不仅制造了汽车中超过 80% 的零件，甚至还可以生产订制化跑车、轿车、高能源电动车、公交车。

Local Motors 的首席执行官兼联合创始人杰伊·罗杰斯说，用于制造 LM3DSwim 的材料中 80% 为 ABS 塑料，20% 为碳纤维，但产品依然能够达到现有钢质汽车的安全标准。

图5.11　Local Motors公司生产现场

（2）修复历史文物，融合文创产品

文物古迹是历史的载体，对于一个国家乃至一个民族而言都是无价之宝，一旦被破坏，会给世界带来巨大的文化损失。尽管文物修复工作在一定程度上可以弥补损失，但很难恢复其原有的神韵，因此文物保护工作始终困难重重。

Shapeways 是美国一个从事 3D 打印产品订制化的网络平台，如图 5.12 所示，有点类似我国的"威客"网站，其平台也有 3D 打印微型工厂。用户与设计工作室合作创造出各种 3D 模型，再经由 Shapeways 线下工厂生产制作，最后通过 EMS 快递发往全球。

下面这个案例来自笔者与国内文物保护机构的真实实践。起初，笔者的想法只是希望还原唐代著名的文物"赤金走龙"。出于对文物的保护，笔者无法通过三维扫描获取真实信息，只能通过三维设计软件还原模型。考虑到国外网站上生产与物流的高成本，笔者先用 FDM 型 3D 打印设备同比例放大 1.5 倍制作了样品，确认无误后再到 Shapeways 上注册、下订单。

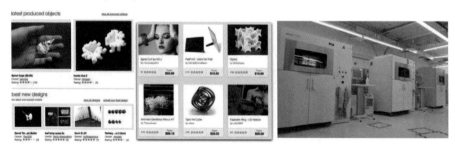

图5.12　Shapeways 3D打印服务平台

按照平台 3D 打印订制化生产工艺流程的引导，上传三维模型数据，如图 5.13 所示，我们选择 18K 彩金的材质作为最终产品材料，根据模型制作的尺寸和材质预估费用，通过信用卡在线支付，5 个月后收到实物。

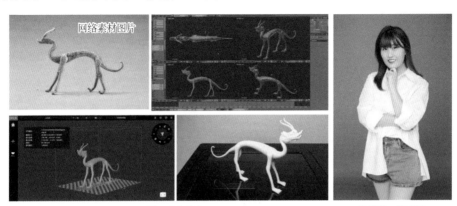

唐　赤金走龙　　　　　　　　　设计师　徐春秀

图5.13　"赤金走龙"三维模型数据及设计师

如图 5.14 所示，尽管在制作品质上还存在差距，但是能够确定，使用更加昂贵的材料和制作工艺的话，最终成品应该会非常接近原物体。这也可以从一个侧面证实，3D 打印文物衍生产品的开发是可行的。

（3）科普教育产品与青少年创新思维的开发

历史证明，技术的变革可以促进一个时代的进步，最重要的原因之一是它推动着人们思想的释放，这一点从培养孩子们的想象力和动手能力上有非常明显的体现。

Kids Creation Station 与 Cyant 这两家公司的运营模式非常简单，孩子们可以上传绘画的各种造型，由设计师帮他们完成三维建模，最后通过 3D 打印制作实体作品，再邮寄给小设计者们，如图 5.15 所示。

图5.14　原物体与打印实物对比

最近几年，国内教育部门已经将 3D 打印与三维设计相融合，融入"创客教育"和技术通识类课程当中，如图 5.16、图 5.17 所示 K12 阶段的学生都需要每周参与相关的必修和选修课程，各种创客类的比赛也促进了 3D 相关社团的繁荣。从某种程度上来讲，中国的中小学生有更多的机会来实际参与 3D 打印设计的操作与训练。

5.1.5 3D 打印设备

FDM 类型 3D 打印设备规格和款式多种多样。有的适合工业制造使用，有的则适用于创客教学或实验；有的只能使用单一材料，有的则可以兼容多种丝材。以下我们就 3D 打印所需的三类设备进行说明。

图5.15　Kids Creation Station 3D打印儿童画

图5.16　中国儿童中心3D打印造物营

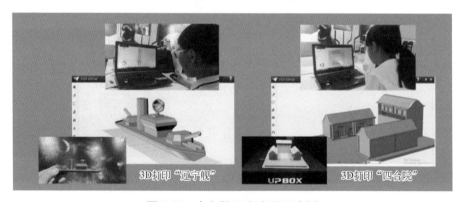

图5.17　中小学3D打印课程案例

（1）硬件设备

选择 3D 打印机时通常会根据设备的适用人群所需精密度、安全性和稳定性等综合因素进行考量，打印机成型尺寸、制作精度和价格区间会是使用者最为关注的问题。FDM 类型的 3D 打印机由于受到材料和制作工艺的限制，一般推荐使用箱式设备，在确保恒温、干燥的环境进行制作，以避免因温差过大而导致制作过程中材料翘曲等问题，如图 5.18 所示。

图5.18　FDM类型3D打印机

（2）应用软件

三维切片软件一方面可对制作模型进行分层切片工作，另一方面则直接控制与监控打印机的实时状态，可以说软件的算法直接影响到最终产品的精密程度。

市面上常用的三维切片软件种类比较丰富，如 UP Studio（图 5.19）、Cura、Slicer 等，可分为开源型和闭环型两种。所谓开源型软件通常可以适配市面上多种3D 打印机的产品和型号，方便使用者随时切换或自定义打印成型参数的设定，但是很难对特殊模型进行更高要求的控制。闭环型软件通常由固定厂家自行研发，与其生产的 3D 打印机绑定使用，虽无法兼容不同款型的设备，但是能够更加深入地对模型进行多种参数的调节。

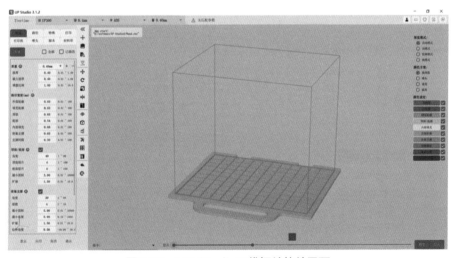

图5.19　UP Studio三维切片软件界面

（3）常用材料

最常用的 FDM 类型的 3D 打印机会使用 PLA 树脂塑料和 ABS 工程塑料这两

种丝状材料，丝材直径分别为 3.0mm 和 1.75mm。

ABS 工程塑料的熔点较高，成形强度高，色泽较暗，工程领域应用广泛，但对制作工艺的要求相对严格，成型过程中容易造成翘边。而 PAL 树脂塑料熔点较低，成形后有韧性，色泽鲜艳，材料环保、可降解，适合教学和展示制作。

越来越多的材料厂商加入 FDM 设备材料的研发中，可用于各种特殊场景下的新型材料被研发出来，如强度堪比金属的碳纤、柔韧度超强的 TPU 等材料相继面世。相信不久的将来，3D 打印技术能够带来更为惊人的制造业解决方案。

（4）三维切片软件

① UP Studio 3 软件的获取与安装

a. 打开网页浏览器，进入太尔时代官方网站，进入下载页面，如图 5.20 所示。

图5.20　太尔时代官网

b. 进入下载页面后，可选择适配于所用电脑的版本，点击按钮下载软件，如图 5.21 所示。这里所使用的软件版本为 V3.1.2。

图5.21　UP Studio下载界面

c. 下载完成后，双击 UP Studio 安装图标，进行软件安装。

d. 双击 UP Studio 软件快捷方式，打开软件。

② UP Studio 3.1.2 软件界面功能介绍　当打开三维切片软件后，同时弹出软件操作主页面和打印机管理页面，如图 5.22 所示。只有当电脑与 3D 打印机相连时，打印机管理界面才会跳转到适配机器型号的相应界面，否则首次开始时界面将显示未连接状态。根据软件的功能，可将软件界面分成四个功能区，分别是【快捷菜单栏】、【菜单预设栏】、【软件工具栏】和【操作视窗栏】，如图 5.23 所示。

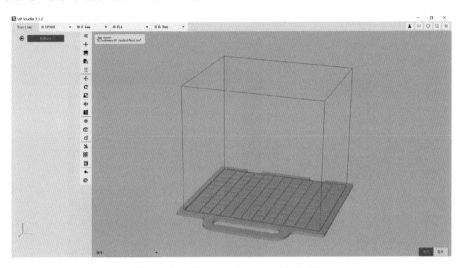

图5.22　UP Studio 3.1.2启动界面

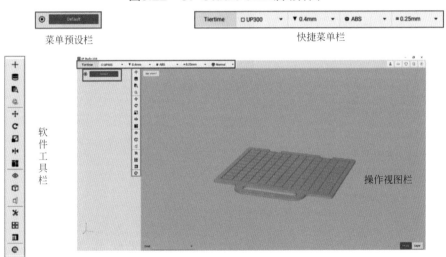

图5.23　软件界面

a. 快捷菜单栏。

【Tiertime】包括软件开启预设模式的选择。

【匹配打印机型号】包含 FDM 型 UP 系列所有 3D 打印机型号。

【匹配喷嘴】可匹配打印机喷嘴直径为 0.2mm、0.4mm、0.5mm 等七种型号。

【匹配材料】设置可匹配的打印材料类型，如 ABS、PLA 等。

【打印层厚】设置当前模型打印层厚。

快捷菜单栏如图 5.24 所示。其中，预设软件操作语言尤为重要，若此时软件为英文表示，可点击【Tiertime】→【设置】→【简体中文】→【确定】，更改为中文操作环境，如图 5.25 所示。

图5.24　快捷菜单栏

图5.25　预设软件操作语言

b.菜单预设栏。是切片软件最核心的部分，共分为基础、进阶和专家三个模式，参数开放程度逐渐递增，使用者可以获得更多参数信息，可在模型三维切片过程中参考更多组合，如图 5.26 所示。

c.软件工具栏。包含的所有操作工具，都是三维切片软件中最常用的工具，如位移、旋转和缩放等。

d.操作视窗栏。实时显示当前模型操作的进程。

③ UP Studio 3 软件模型三维切片基本操作流程　UP Studio 3 模型三维切片的操作步骤可分为四个阶段：导入打印模型、预设打印参数、模型分层切片与数据输出打印，如图 5.27 所示。其中，最关键的部分是参数的设置与优化，这将影响最终制作的结果。

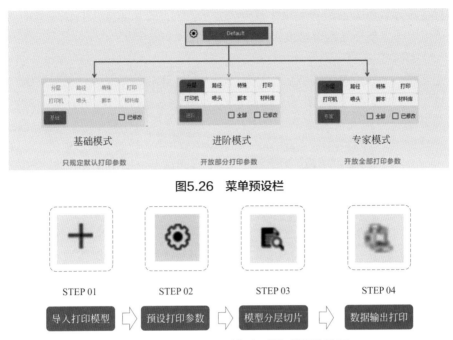

图5.26 菜单预设栏

STEP 01　　　STEP 02　　　STEP 03　　　STEP 04

导入打印模型 ➡ 预设打印参数 ➡ 模型分层切片 ➡ 数据输出打印

图5.27 UP Studio3模型三维切片操作流程

5.2 3D 打印核心技能

5.2.1 获取模型信息

3D 打印制造的前提是要获得原始 3D 打印模型数据。而获取三维模型有两种途径：一种是"正向建模"，即三维建模师通过设计软件创建虚拟数字模型文件；另一种是"逆向建模"，即通过三维扫描仪对已有实体模型进行三维数字还原，也就是前几章的主要教学内容。

不论是正向还是逆向，所得到的三维模型都不能直接传输给 3D 打印机进行制造，因为此时的数据模型仅仅是模型文件，并没有结合现实中物理状况，如打印机喷头与平台的运行轨迹、材料的热熔点控制、材料挤出量的控制等，这就需要通过切片软件对三维模型进行分层切片处理。

5.2.2 快速分层切片

三维分层切片的过程实际上就是将模型的外观数据转换成 3D 打印机各零件运动轨迹的过程，而影响模型打印质量的参数有很多，作为使用者来说，如何快速掌握各种参数组合的最佳效果才是重中之重。为此，依据模型打印实体的要求，可从"纵"与"横"这两个维度进行介绍。

（1）横向看分层

通常将一个三维模型解构后，横向可分为三个部分，分别是"模型主体""模型支撑"和"模型基座"，如图5.28所示。

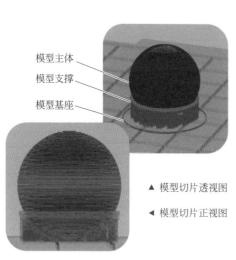

模型主体
模型支撑
模型基座

▲ 模型切片透视图

◀ 模型切片正视图

图5.28　模型结构分析

模型主体：三维模型的主体结构部分，包括"封顶""封底"和"中段主体模型"三部分。通常来说，模型主体打印质量的好坏，直接影响到最终成品的质量效果。

模型支撑：在制造的层层堆叠过程中，用于辅助制作模型悬空部分的打印制作结构，待完成打印实体后需进行拆除，如图5.29所示。模型支撑结构的打印数量过多会导致模型整体的制作时间延长。

模型基座：模型主体与支撑同打印底板之间的间隔层，确保打印完成后的实体易于拆除且底面光滑，待完成打印后需进行拆除。如果打印底板平整，有时可以忽略模型基座的打印制作。

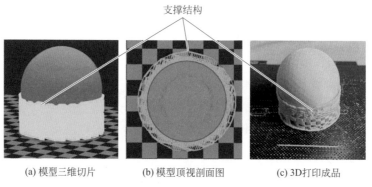

支撑结构

(a) 模型三维切片　　　(b) 模型顶视剖面图　　　(c) 3D打印成品

图5.29　支撑结构示意

FDM类型的3D打印设备，喷嘴直径宽度一般在0.05～0.4mm之间，因此热熔挤出后的材料层厚也会在相应的范围内。层片厚度越小，模型切片和打印整体模型的总时长就越长，完成成品的物体表面就会越光滑；相反，层面厚度越大，三维切片和打印模型的时间就会较短，完成成品的物体表面就会较粗糙。

（2）纵向看填充

如果从顶面将一个3D打印的球体剖开，你可以清楚地看到球体分成三个区域，分别是"内部填充""轮廓壁厚"和"模型支撑"。球体模型切片分层演示图如图 5.30 所示。

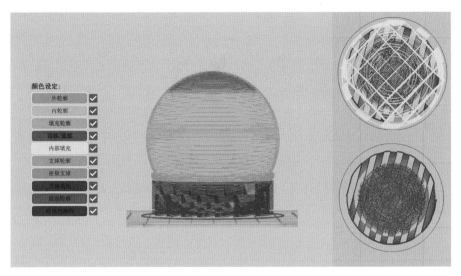

图5.30　球体模型切片分层演示图

内部填充：支撑模型顶部及斜边不塌陷的网状或蜂窝状结构。内部填充的多少往往决定了实体模型的稳定程度和总质量大小，也就是我们常说的"空心物体"或是"实心物体"。

轮廓壁厚：反映出实体模型结构轮廓的薄厚程度。一般 FDM 机器打印出来的外轮廓会分两层，中间有空隙，通过调节参数可以区分内外层，或将两层合并在一起。

（3）特殊功能

① 动态层厚　所谓"动态层厚"是指处于模型不同高度的切分的层片厚度存在差异，可根据模型外轮廓的曲率变化进行自动识别，也可以手动设置不同区域的层片厚度，从而在不影响模型表面光洁度的同时，兼顾 3D 打印制造的速度与实体模型的强度，如图 5.31 所示。实现模型的"动态层厚"制作，有自动和手动两种方式，具体操作步骤如下。

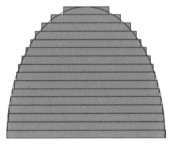

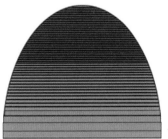

(a) 常规模型切片示意　　　　　(b) 动态层厚模型切片示意

图5.31　常规模型与动态层厚模型对比

a.自动"动态层厚"处理。

ⅰ.导入模型。选择【加载3D模型或层片模型】，选择所需的模型，如图5.32所示。

图5.32　导入3D打印模型

ⅱ.模型自动摆放。使用【自动摆放模型】命令，将模型置于打印底板居中位置，如图5.33所示。

图5.33　模型自动摆放最佳位置

ⅲ.定义动态分层。执行【专家】→【分层】激活打印软件的高级参数面板，将【质量】修改为0.15mm（打印模型的最细目标层厚），修改【最大层厚】为1.00（打印模型最粗目标层厚，所修改数值均以明显体现效果为准），【调整比例】修改为0.50，如图5.34、图5.35所示。

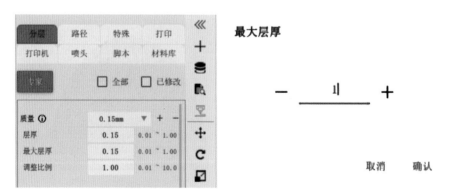

图5.34　修改【最大层厚】参数设置

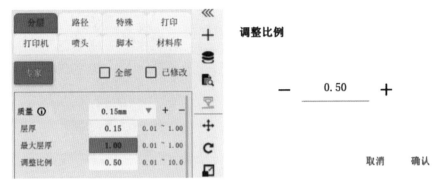

图5.35　修改【调整比例】参数

ⅳ.三维切片。点击【应用并确认】进行模型三维切片，可点击【预览分层结果】查看分层效果，如图 5.36 所示。放大模型可以发现，模型弧面的分层较细，而垂直面分层则相对较粗。

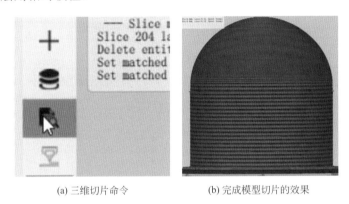

(a) 三维切片命令　　　　　　(b) 完成模型切片的效果

图5.36　三维切片

特别说明　【调整比例】参数对于模型动态分层的影响较大，数值越大，识别模型曲面的分层程度越弱；数值越小，识别模型曲面分层程度越强。效果对比如图 5.37 所示。

b.手动"动态层厚"处理。

ⅰ.显示模型详细信息。激活软件的高级界面，点击加载模型的左上角的下拉菜单，弹出模型详细信息，如图 5.38 所示。

ⅱ.调整模型取值范围。点击模型详细信息栏右下方的【+】，弹出模型高度控制器，选择需要修改层厚的区间，可使用鼠标拖动区间范围，如图 5.39 所示。

ⅲ.修改选取层片厚度。点击【确认】，点击齿轮状按钮修改选取的层片厚度，修改质量栏的数值，点击【应用并确认】，如图 5.40 所示。

(a)【调整比例】较小值   (b)【调整比例】较大值

图5.37 【调整比例】参数不同效果对比

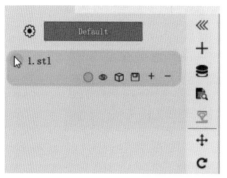

图5.38 显示模型详细信息

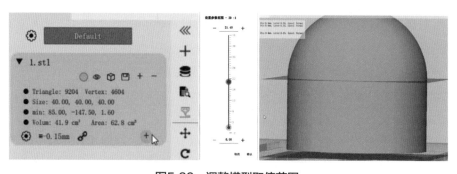

图5.39 调整模型取值范围

ⅳ.检查参数设置。点击最上方的齿轮按钮，设置模型其他部分的层片厚度。注意【质量】【层厚】和【最大层厚】的数值要保持一致，且【调整比例】数值为

1.00，否则会存在既要自动曲率识别又要手动选区的两种模式，软件将无法进行计算，如图 5.41 所示。

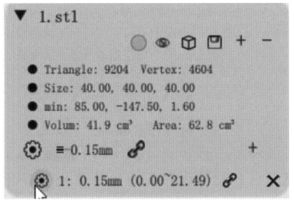

(a) 激活选取参数面板   (b) 调整选取层片厚度

图5.40　修改选取层片厚度

图5.41　检查分层参数

ⅴ. 三维切片分层。点击【预览分层结果】，查看分层结果，如图 5.42 所示。

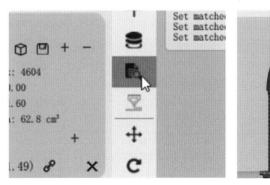

(a) 三维切片命令   (b) 完成模型切片的效果

图5.42　三维切片分层

② 多轮廓　所谓"多轮廓"是指在 3D 打印制作过程中，可根据模型造型沿最外轮廓向内、外两个方向分别进行轮廓数量的增加，而产生的轮廓可增强 3D 打印实体模型的强度，如图 5.43 所示。实现模型的"多轮廓"制作效果的操作步骤如下。

a. 参数预设。同样先要激活高级界面，再将模型导入进行【自动摆放】后，打开参数设置界面，改为【专家】界面并切换到【路径】模块，如图 5.44 所示。

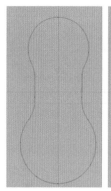
(a) 底部支撑轮廓

(b) 底部内侧填充

(c) 顶部/底部内填充

(d) 参数设置

图5.43　多轮廓

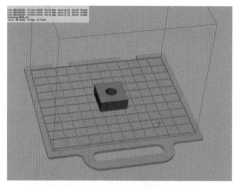
(a) 载入模型

(b) 进入【路径】模块

图5.44　参数预设

b. 修改轮廓数量。点击【轮廓】，改数值为 5（此参数仅为展示更明显），点击【确认】，如图 5.45 所示。

c. 三维切片处理。点击【预览分层结果】查看分层结果，可通过鼠标拖动最下方的分层进度条逐层查看，如图 5.46 所示。

③ 选区填充　"选区填充"是指通过自定义选择模型范围，修改模型填充密

度，从而提升实物模型的局部强度，这样可以避免修改模型的整体填充密度，在确保模型局部强度不变的情况下，减少制造所需的材料和时间。实现模型的"选区填充"制作效果的具体操作步骤如下。

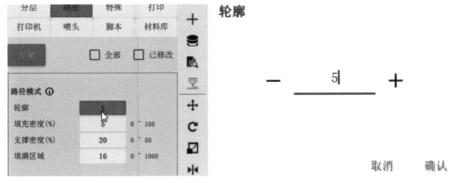

(a) 激活【轮廓】参数面板　　　　　　　　(b) 修改轮廓数量

图5.45　修改模型轮廓数量

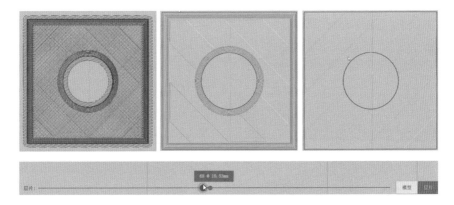

图5.46　逐层查看分层结果

a. 参数预设。激活高级界面，导入模型，如图 5.47 所示。

图5.47　模型导入后的初始位置

注意 为确保模型的初始坐标位置不变，导入的模型不要进行自动摆放。

b.添加子模型。打开导入模型的详细信息，点击【添加子模型】，弹出对话框后，选择最下面的【File...】导入自定义子模型文件，如图5.48所示。

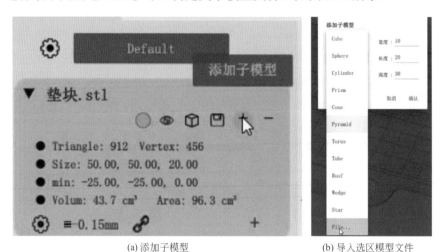

(a) 添加子模型   (b) 导入选区模型文件

图5.48　添加自定义子模型文件

注意 自定义子模型需与制作的模型坐标完全一致，才可以进行空间位置上的匹配。

c.检查模型。可以通过模型展示区域与模型详细信息区域来查看子模型是否添加成功，如图5.49所示。

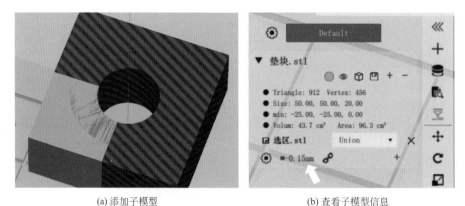

(a) 添加子模型   (b) 查看子模型信息

图5.49　检查模型（一）

模型展示区域：可通过主模型内部的颜色分区进行查看。

模型详细信息区域：可通过模型内部是否出现新的stl模型信息进行查看。

也可通过执行【添加子模型】→【透明】调节主体模型透明度来查看子模型

的添加情况，如图 5.50 所示。

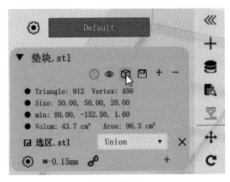

(a) 透明度选项

(b) 隐藏主体模型

图5.50 检查模型（二）

d. 修改选区填充密度。确认子模型与主体模型完整匹配后，点击【自动摆放】将模型居中摆放，然后选择子模型对话框，修改子模型的类型，如图 5.51 所示。为进一步增加模型的强度，可将子模型选择为【Infill 100%】（100% 填充密度），如图 5.52 所示。

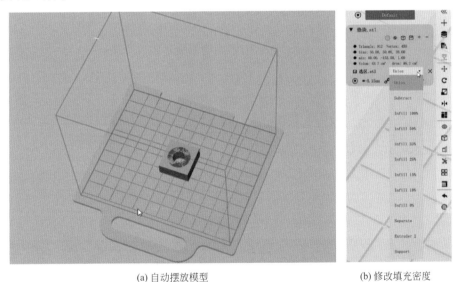

(a) 自动摆放模型

(b) 修改填充密度

图5.51 修改选区填充密度（一）

e. 修改主体模型填充密度。点击齿轮按钮打开参数设置界面，切换至【专家】模式，进入【路径】界面，点击【填充密度】修改主体模型选区外区域的填充密度，修改为5%，如图 5.53 所示。

f. 分层切片处理。点击【应用及确认】，使用【预览分层结果】查看分层效果，如图 5.54 所示，可通过控制分层进度条，逐层查看效果。

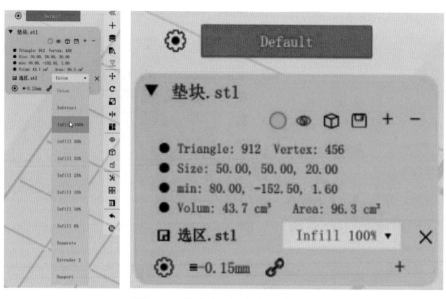

图5.52　修改选区填充密度（二）

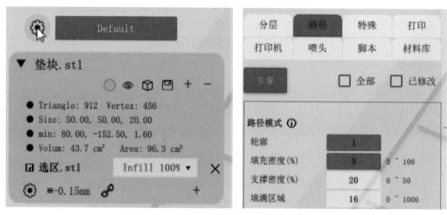

(a) 打开主体模型参数面板 　　　　　　　　　　(b) 修改填充密度

图5.53　修改主体模型填充密度

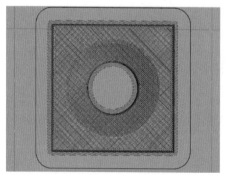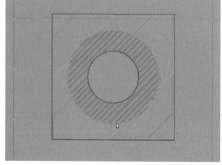

图5.54　模型选区分层效果

快速成型制造

（1）3D打印机基本使用流程介绍

当3D打印机接通电源之后，无论是否是第一次使用，都建议对所使用的打印平台进行水平校准，减小打印过程中因材料物理性质的改变而出现材料翘曲的概率；之后进行相应材料的装载，以打印喷嘴挤出为准；再利用三维切片软件上传tsk格式文件，即可进行打印制作。基本流程如图5.55所示。

STEP 01	STEP 02	STEP 03	STEP 04
水平校准	装载材料	上传数据	打印制作

图5.55　3D打印机基本使用流程

（2）3D打印制作案例解析

步骤01：载入stl格式的三维模型，可先点击【自动摆放】命令，使模型以默认形式贴合在打印空间中，再通过【位移】【旋转】和【缩放】对模型进行空间位置上的调节，如图5.56所示。

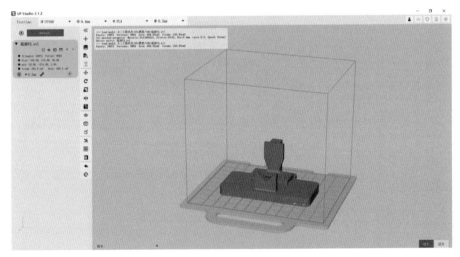

图5.56　导入模型并调节位置

步骤02：点击齿轮按钮，切换至专家模式，预设切片参数如下：0.25mm层厚，填充比例为20%，预设UP 300打印机，设为ABS材料，点击【确认】，如图5.57所示。

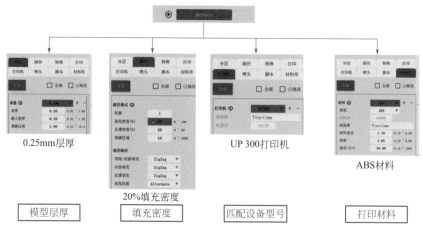

模型层厚	填充密度	匹配设备型号	打印材料
0.25mm层厚	20%填充密度	UP 300打印机	ABS材料

图5.57　设置参数

步骤03：点击【分层 3D 模型并保存】命令，略等片刻，模型即形成新的 tsk 格式切片文件，如图 5.58 所示。

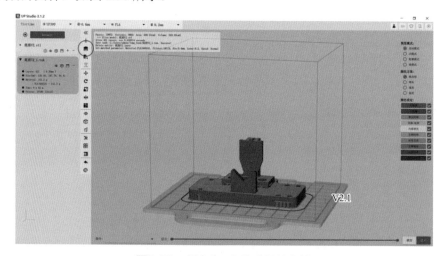

图5.58　保存为tsk格式切片文件

步骤04：点击【打印】，载入同一文件路径下新创建的 tsk 格式文件，即可上传 3D 打印机，如图 5.59 所示。

步骤05：3D 打印制作一段时间后，完成实体打印部分。

5.2.4 实体模型加工后处理

对于 FDM 型 3D 打印制成的实体模型来说，由于逐层堆叠的制作过程，以及支撑结构去除后的残留物，导致实体模型的表面较粗糙，因此就需要通过手工或机械的方式，对其进行加工再处理，基本流程如图 5.60 所示，处理好的零件如图 5.61 所示。

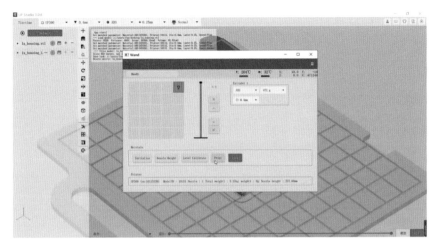

图5.59　上传3D打印机

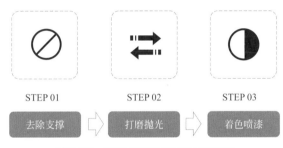

STEP 01　　　　　STEP 02　　　　　STEP 03

去除支撑 ⇨ 打磨抛光 ⇨ 着色喷漆

图5.60　实体模型加工后处理流程

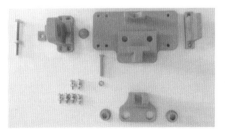

(a) 分零件3D打印模型　　　　　(b) 组装完成的实物

图5.61　经处理的零件

5.3　专项训练

5.3.1 案例01：3D打印"梯形块"

（1）案例说明

"梯形块"模型属于基本的立体几何图形，所以在进行3D打印制作时并不难。

因为是第一个 3D 打印制作案例，所以希望读者朋友把主要关注点放在三维切片软件的具体使用流程上，能够从头到尾完整地将实物模型制作出来。

（2）操作流程（图 5.62）

图5.62　打印"梯形块"操作流程

（3）操作过程

步骤 01：导入三维模型

① 导入模型数据　点击【加载 3D 模型或层片模型】，选择"梯形块"模型并点击【确定】进行加载，如图 5.63 所示。

② 模型自动布局　刚载入的三维模型通常默认出现在坐标原点的位置，需将模型手动调至打印底板中部，因为在进行 3D 打印制作时，将模型置于 3D 打印底板中央位置可确保制作过程中模型的平整，不会出现翘曲等问题。从 z 轴方向观察可知，"梯形块"模型并非均匀的六面体，而是一端面积偏小，另一端偏大，将较大的面紧贴底面网格，这样摆放可避免在打印制作环节产生过多的支撑物。点击【自动摆放模型】命令后，模型将自动设置最适合打印的位置，即居中紧贴底面网格，如图 5.64 所示。

图5.63　导入三维模型数据

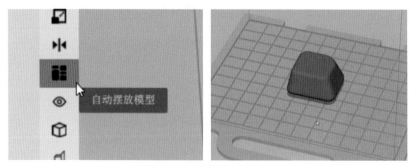

图5.64　模型自动布局

步骤02：设备及打印参数设置

① 确认打印设备　确认打印机型号是否与所使用的软件模式相匹配，如需修改，可点击【快捷菜单栏】→【设备型号】下拉菜单，进行相应修改。同时确认【喷嘴直径】和【适配材料】是否匹配。一般来说，默认的 3D 打印机喷嘴直径均为 0.4mm，FDM 型 3D 打印机通常配备 PLA 材料，如有特殊情况，根据实际情况进行修改即可，如图 5.65 所示。

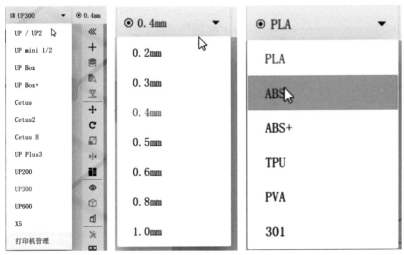

图5.65　打印机型号适配

② 打印参数设置　点击左侧操作栏中的小齿轮按钮，进入参数设置界面，并修改【质量】为 0.2mm（质量代表模型的层片厚度），修改【填充密度】为 5%，最后点击【确认】将参数进行保存，如图 5.66 所示。

③ 打印预览　点击 【分层 3D 模型并保存】，将模型进行分层切片处理。已分层处理好的模型，可拖拽进度条对分层结果进行观察，如图 5.67 所示。

步骤03：模型打印及后处理

① 保存切片任务　在左侧操作栏中点击【保存】按钮，保存为 tsk 文件，如图 5.68 所示。

② 任务上传打印　点击【快捷菜单栏】→【设备型号】下拉菜单，点击【打印机管理】按钮，打开打印机管理面板，如图 5.69 所示。打印机设备在首次打印时，点击【初始化】命令，打印机 x、y、z 三个坐标轴将进行自动归零。然后点击【打印】，再点击【选择文件】找到刚才保存的 tsk 文件进行数据上传，如图 5.70 所示。加载完毕，在打印任务管理面板最下方将增加当前打印任务，可以观察任务状态、打印时长，以及所需材料质量等信息，如图 5.71 所示。

③ 完成打印制作　3D 打印制作完成后，可使用钳子去除支撑机构，完成最终作品，如图 5.72 所示。

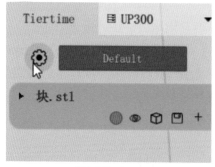

(a) 调出参数预设界面

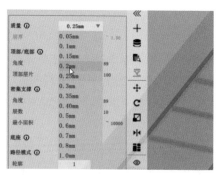

(b) 设置模型层片厚度

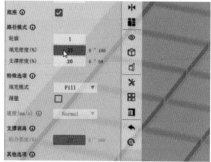

(c) 设置填充密度

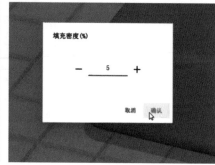

(d) 确认填充密度

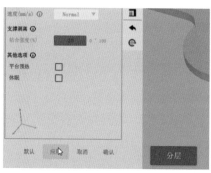

(e) 应用参数设置

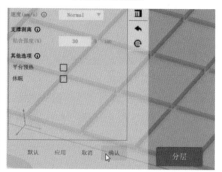

(f) 确认并保存预设

图5.66　打印参数设置

(a) 执行分层命令

(b) 完成模型分层

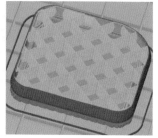

(c) 查看分层结果

图5.67　打印预览

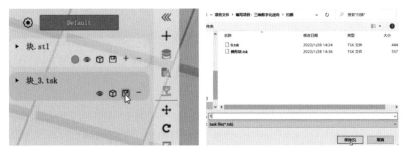

图5.68 保存切片任务

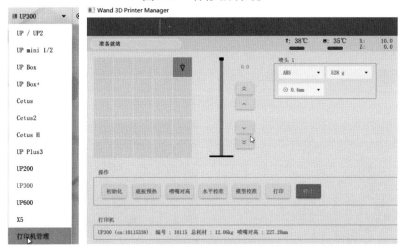

图5.69 打印机管理面板

(a) 初始化设备   (b) 打印命令   (c) 选择文件

(d) 选择tsk文件   (e) 加载模型文件

图5.70 打印机首次打印操作流程

	名称	状态	创建人	总耗时	材料	重复	上传时间	操作
7	300-0.4dia-Pla-16M	Waiting	User	57h 7m	698.3g/PLA	0/1	12-31 14:40:34	▶ ↑ ↓ ✕
8	300-0.4dia-Pla-16M	Waiting	User	57h 7m	698.3g/PLA	0/1	12-31 14:47:49	▶ ↑ ↓ ✕
9	镂空海螺Snail_She…	Failed	User	71h27m	498.5g/PLA	0/1	12-31 15:00:44	▶ ↑ ↓ ✕
10	镂空海螺Snail_She…	Waiting	User	71h27m	498.5g/PLA	0/1	12-31 15:15:26	▶ ↑ ↓ ✕
11	镂空海螺Snail_She…	Waiting	User	71h27m	498.5g/PLA	0/1	12-31 15:27:51	▶ ↑ ↓ ✕
12	镂空海螺Snail_She…	Waiting	User	71h27m	498.5g/PLA	0/1	12-31 15:45:58	▶ ↑ ↓ ✕
13	镂空海螺Snail_She…	Waiting	User	71h27m	498.5g/PLA	0/1	12-31 15:58:17	▶ ↑ ↓ ✕
14	300-0.4dia-Pla-16M	Waiting	User	14h16m	174.6g/PLA	0/1	12-31 16:03:54	▶ ↑ ↓ ✕
15	300-0.4dia-Pla-16M	Waiting	User	28h33m	349.1g/PLA	0/1	12-31 16:07:31	▶ ↑ ↓ ✕
16	300-0.4dia-Pla-16M	Failed	User	14h16m	174.6g/PLA	0/1	12-31 17:02:58	▶ ↑ ↓ ✕
17	块_1	Failed	Fuu	1h 8m	15.6g/ABS	0/1	01-28 14:37:49	▶ ↑ ↓ ✕
18	块_3	Printing	Fuu	1h20m	17.8g/ABS	0/1	01-28 14:47:03	▶ ↑ ↓ ✕

当前任务　历史任务　　清空　　选择文件　　　　　　　　　　退出

图5.71　打印任务管理面板

(a) 3D打印完成　　　　　　　　　　(b) 去除支撑结构

图5.72　完成打印制作

5.3.2 案例02：3D打印"叶轮"

（1）案例说明

本案例为制作"叶轮"模型，除了含有基础打印的流程以外还多了一些特殊参数的设置，旨在对3D打印模型进行强度方面的加强。

（2）操作流程（图5.73）

图5.73　"叶轮"打印操作流程

（3）操作过程

步骤01：模型导入位置调整

① 导入模型数据　点击【加载3D模型或层片模型】，选择"叶轮"模型进行加载，如图5.74所示。

② 模型自动布局　使用【自动摆放模型】命令，将"叶轮"模型自动摆放到打印底板合适位置，即居中紧贴底面网格，如图5.75所示。

步骤02：设备及打印参数设置

① 确认打印设备　确认打印机型号是否与所使用的软件模式相匹配，如需修改，可点击【快捷菜单栏】→【设备型号】下拉菜单，进行相应修改。同时需确认【喷嘴直径】和【适配材料】是否匹配。一般来说，默认的3D打印机喷嘴直径均为0.4mm，FDM型3D打印机通常配备PLA或ABS材料，如有特殊情况，根据实际情况进行修改即可。

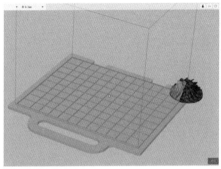

图5.74　导入三维模型数据

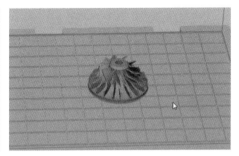

(a) 模型自动摆放命令　　　　　　　　　　(b) 模型居中摆放

图5.75　模型自动布局

② 模型分析　"叶轮"与上一个案例"梯形块"的结构较为类似，区别在于前者存在诸多曲面叶片。为减少叶片间的支撑结构，可同样采取上小下大的摆放方式进行打印制作，如图5.76所示。

(a) 错误的摆放方式   (b) 正确的摆放方式

图5.76 模型摆放方式

● 通过观察"叶轮"模型可以发现，模型中间存在一个贯穿孔，由于需与其他装配件进行连接，所以在贯穿孔附近需进行结构增强。可采用"多轮廓"打印方式进行制作，这样既能保证叶片有一定强度，还可以减少3D打印制作的时间，并且减少相应材料的消耗。

● 在零件使用过程中，叶片常会受到水或空气的磨损消耗，叶片的边缘与拐角处尤为明显，因此需要在3D打印的过程中，对叶片边缘进行结构增强。

③ 打印参数设置　在进行有特殊需求的3D打印制作前，可根据自己使用习惯，预先修改三维切片软件中的【偏好设置】。点击左上角的【UP Studio3】图标，勾选【高级界面】，激活打印设置参数的高级参数面板，如图5.77所示。

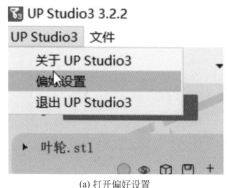

(a) 打开偏好设置   (b) 激活高级界面

图5.77 激活高级参数面板

点击小齿轮按钮，进入参数设置面板，连续点击【基础】命令，直至切换至【专家】模式，如图5.78所示。设置模型层片厚度并修改【质量】为0.2mm（本案例以0.2mm层厚为例）。点击上方【路径】按钮，切换【路径】，改轮廓为5层。再点击【填充密度】，改填充密度为20%。最后点击【确认】，将参数进行确认与保存。设置操作如图5.79～图5.82所示。

(a) 调出参数预设截面　　　　　　　　　(b) 转换软件预设模式

图5.78　切换为专家模式

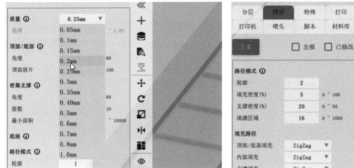

(a) 设置模型打印层片层厚　　　　　　　　(b) 确认填充密度

图5.79　打印参数设置（一）

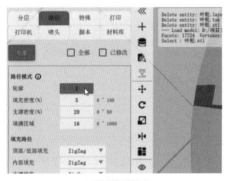

(a) 设置模型轮廓　　　　　　　　　　　(b) 确认模型轮廓

图5.80　打印参数设置（二）

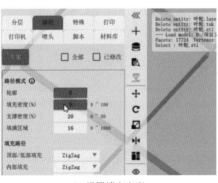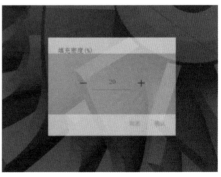

(a) 设置填充密度　　　　　　　　　　　(b) 确认填充密度

图5.81　打印参数设置（三）

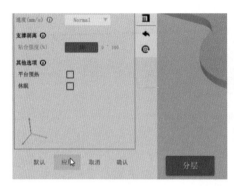
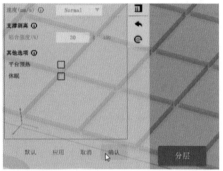

(a) 应用参数设置   (b) 确认并保存预设

图5.82 打印参数设置（四）

④ 打印预览 点击【分层 3D 模型并保存】，将模型进行分层处理，拖拽进度条可查看分层结果。此时可明确看到叶片贯穿孔与叶片边缘出现增强结构，如图 5.83 所示。

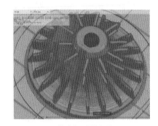 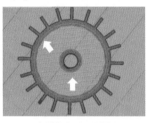 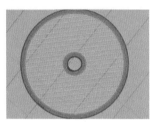

(a) 执行分层命令   (b) 从顶部查看分层结果   (c) 从底部查看分层结果

图5.83 打印预览

步骤 03：模型打印及后处理

① 保存切片任务 点击【保存】，将三维切片完成的模型数据保存为 tsk 格式。可点击 tsk 文件的下拉箭头查看 3D 打印的时长及所消耗材料质量等信息，如图 5.84 所示。

(a) 保存tsk格式文件   (b) 点击模型属性   (c) 查看文件数据信息

图5.84 保存切片任务

② 数据上传与3D打印 打开打印机管理面板。执行【初始化】命令，确定 x、y、z 三个坐标轴数据归零。点击【打印】→选择打印文件，将 tsk 数据文件上传并开始 3D 打印制作。操作流程如图 5.85、图 5.86 所示。

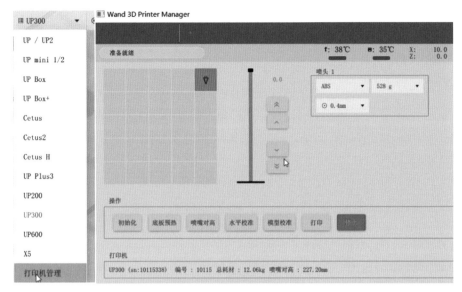

图5.85　上传数据（一）

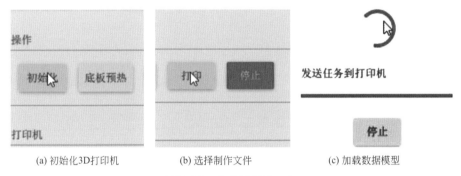

(a) 初始化3D打印机　　(b) 选择制作文件　　(c) 加载数据模型

图5.86　上传数据（二）

③ 模型取出及后处理　3D 打印制作完后，可使用铲子辅助取下模型，并用钳子去除支撑机构，完成最终作品，如图 5.87 所示。

(a) 3D打印完成

(b) 获取打印实物

图5.87　模型取出

参考文献

[1] 赵志群 . 职业教育工学结合一体化课程开发指南 [M]. 北京：清华大学出版社，2009.

[2] 赵志群 . 职业能力测评方法手册 [M]. 北京：高等教育出版社，2018.

[3] 杨晓雪，闫学文 .Geomagic Design X 三维建模案例教程 [M]. 北京：机械工业出版社，2016.

[4] 李雄伟，陈中玉 . 三维数字化设计与 3D 打印（中职分册）[M]. 北京：机械工业出版社，2020.

[5] 刘然慧，刘纪敏 .3D 打印——Geomagic Design X 逆向建模设计实用教程 [M]. 北京：化学工业出版社，2017.

[6] 孟献军 .3D 打印造型技术 [M]. 北京：机械工业出版社，2018.